Chinelo Igwenagu

Análise do crescimento da população e das instalações de saúde no Estado de Enugu

Chinelo Igwenagu

Análise do crescimento da população e das instalações de saúde no Estado de Enugu

ScienciaScripts

Imprint

Any brand names and product names mentioned in this book are subject to trademark, brand or patent protection and are trademarks or registered trademarks of their respective holders. The use of brand names, product names, common names, trade names, product descriptions etc. even without a particular marking in this work is in no way to be construed to mean that such names may be regarded as unrestricted in respect of trademark and brand protection legislation and could thus be used by anyone.

Cover image: www.ingimage.com

This book is a translation from the original published under ISBN 978-620-2-00363-6.

Publisher:
Sciencia Scripts
is a trademark of
Dodo Books Indian Ocean Ltd. and OmniScriptum S.R.L publishing group

120 High Road, East Finchley, London, N2 9ED, United Kingdom
Str. Armeneasca 28/1, office 1, Chisinau MD-2012, Republic of Moldova, Europe
Printed at: see last page
ISBN: 978-620-7-69344-3

Índice:

Capítulo 1   6

Capítulo 2   11

Capítulo 3   19

Capítulo 4   21

Capítulo 5   42

Análise do crescimento da população e das instalações de saúde no Estado de Enugu

Por Igwenagu Chinelo Mercy (Ph.D)

Correio eletrónico chinelo.igwenagua@esut.edu.ng ou chineloigwenagu@yahoo.com +234-8063305243.

DEDICAÇÃO

Este trabalho é dedicado ao meu filho Kosisochukwu Igwenagu, ao meu querido marido Sr. Ike Igwenagu, à minha mãe Sra. Mary Chukwu e ao meu irmão mais velho Sr. Innocent Chukwu, cujos esforços me ajudaram a prosseguir a minha carreira académica.

RECONHECIMENTO

Este trabalho não teria sido bem sucedido se não tivesse contado com a ajuda de várias pessoas. Estou particularmente grato a Deus Todo-Poderoso pela sua orientação e proteção durante a minha estadia na Universidade. Agradeço o esforço do meu supervisor, o Sr. Ugwu A.H., que me orientou durante todo o período deste trabalho, e estou-lhe muito grato.

A minha gratidão vai também para o meu conselheiro, o Sr. Asogwa C J U, pelo seu encorajamento, o Sr. Ezeugorie, o Sr. Mba G.C e todo o pessoal do departamento de Matemática Industrial, Estatística Aplicada e Demografia.

No entanto, não deixo de elogiar o esforço do Sr. R. Omeje da ENADEP pela sua informação e educação atempadas sobre o que fazer e como fazer, muito obrigado.

PREFÁCIO

Population growth and Health facilities in Enugu State é um estudo realizado com a intenção de descobrir de que forma o crescimento da população afecta as instalações de saúde disponíveis no Estado. Isto foi possível através da utilização de várias ferramentas estatísticas, tais como a análise de séries temporais, o rácio de concentração de Gini e a transformação logit de Brass. O trabalho de projeto tem seis capítulos: o primeiro capítulo contém a introdução, a justificação do estudo, os objectivos do estudo, o âmbito do estudo, o perfil da área de estudo e, em seguida, a revisão da literatura. O segundo capítulo contém a metodologia: Capítulo três, análise do crescimento da população no Estado de Enugu, Capítulo quatro, análise dos serviços de saúde no Estado de Enugu, Capítulo cinco, efeitos do crescimento sustentado da população nos serviços de prestação de cuidados de saúde no Estado de Enugu e, finalmente, o Capítulo seis contém o resumo, a conclusão e a recomendação.

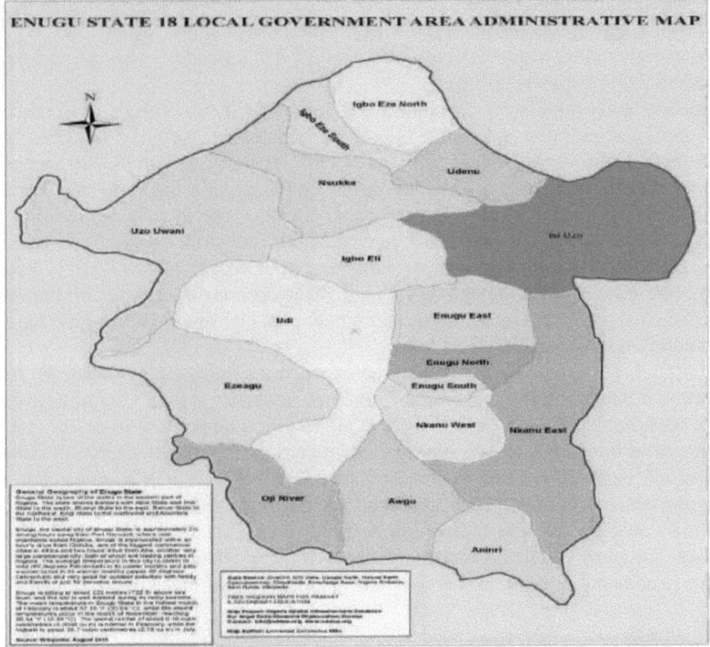

CAPÍTULO 1

INTRODUÇÃO:

Nos países do terceiro mundo, a consecução do objetivo da saúde é um problema fundamental. Esta é a razão pela qual todos os países do mundo colocam muita ênfase no estado de saúde dos seus cidadãos. Isto não é surpreendente porque a saúde é um fator importante em todos os aspectos da vida de uma nação, na procriação e no crescimento da população, na estrutura da população, nos seus recursos de capital humano, no nível de produtividade e de consumo.

O sistema de prestação de cuidados de saúde nos países desenvolvidos é altamente sofisticado, ao passo que o dos países em desenvolvimento é comparativamente rudimentar. De acordo com Naik (1977), a imitação do padrão ocidental de cuidados médicos, com a construção de grandes hospitais, especialistas e hospitais-escola, aumenta os custos e tende a favorecer os poucos que estão bem e não as massas sofredoras. A construção e o equipamento destes hospitais são muito dispendiosos e os salários dos especialistas são elevados, o que faz com que o custo dos cuidados médicos seja tão elevado que só os que podem pagar é que os utilizam.

O crescimento acelerado da população do mundo em desenvolvimento coloca um grande problema no desenvolvimento económico e no nível geral de consumo. Okonjo e Djukanovic demonstraram que a estrutura jovem da população dos países em vias de desenvolvimento exerce uma forte pressão sobre as suas economias em dificuldades no que respeita à disponibilização de instalações de saúde e outras necessidades sociais. Para além do elevado crescimento demográfico, os serviços de saúde existentes estão fragmentados em serviços de saúde industriais, serviços de saúde escolares, etc., servindo cada um deles uma pequena parte da população ou um único objetivo. Esta situação é contrária ao objetivo de cuidados globais e de uma utilização óptima dos recursos limitados. Por conseguinte, é necessário integrar todos os serviços num único, para que os cuidados sejam mais eficazes e alargados e respondam às necessidades de todos.

A Nigéria e, em particular, o Estado de Enugu não são excepções a todos estes problemas. As Nações Unidas identificaram a Nigéria como o país mais populoso de África e o 15th maior país do mundo, com uma taxa de crescimento de 3 por cento entre 1960-1984 e uma população de cerca de 100 milhões em 1987. Prevê-se também que este rápido crescimento da população exerça pressão sobre as instalações de saúde existentes e outros serviços sociais conexos, como a educação, a habitação, o consumo de alimentos, a água e o emprego. Uma vez que o governo do Estado depende do governo central para mais de 63% das suas receitas ou dotações legais, qualquer diminuição das receitas nacionais afectará automaticamente o Estado. Esta falta de recursos financeiros exige, portanto, um planeamento prudente e a afetação dos recursos disponíveis nas áreas dos serviços de saúde no Estado.

1.1 Fundamentação do estudo

Nos últimos anos, os vários governos da maioria dos países em desenvolvimento têm prestado uma atenção considerável à prestação de serviços médicos. Apesar desses esforços, a distribuição desigual dessas instalações continua a frustrar uma administração eficiente dos serviços de saúde. Os adultos continuam a viver até uma idade média de apenas 40 anos. A esperança de vida à nascença na Nigéria está estimada em 53,5 anos para o período 1995-2000. Um número considerável de pessoas continua a morrer e a sofrer de infecções como a pneumonia, o tétano, o sarampo, a tosse convulsa, a malária, a meningite, a poliomielite, a anemia e a tuberculose. Continua a registar-se uma elevada incidência de mortes de mulheres devido a doenças relacionadas com a gravidez e o parto. As doenças evitáveis e transmissíveis registadas são responsáveis por mais de quatro quintos da incidência total de mortalidade e morbilidade na maioria dos países em desenvolvimento, incluindo a Nigéria.

Desde a criação do antigo Estado de Anambra, em 1976, do qual o Estado de Enugu fazia parte, o governo do Estado parece não ter tomado conhecimento suficiente da inadequação dos serviços de saúde existentes no contexto do rápido crescimento da população do Estado de Enugu. O rápido aumento do número de crianças e de mulheres em idade reprodutiva necessitaria particularmente de serviços alargados nas secções de cuidados materno-infantis. Um olhar rápido sobre os dados disponíveis não apresenta um quadro encorajador. Em 1987, o Estado só podia gabar-se de ter 31,589 pessoas por médico, 7648 pessoas por enfermeiro e 3,970 pessoas por camas de hospital. A Organização Mundial de Saúde recomenda 10.000 pessoas por médico, 5.000 por enfermeiro e 1.000 pessoas por cama de hospital.

Será que isso se deve ao baixo nível de utilização dessas instalações ou ao facto de existirem carências críticas nas categorias essenciais de mão de obra no sector da saúde, incluindo o pessoal-chave necessário para o desenvolvimento e manutenção de serviços médicos, paramédicos e preventivos, ou será que se trata de uma distribuição desigual dessas instalações? Neste estudo, tentar-se-á responder à maioria destas questões.

1.2 Objectivos do estudo

De um modo geral, os objectivos deste estudo são examinar as tendências de crescimento da população no Estado de Enugu e as suas implicações para o planeamento dos serviços de saúde. Os objectivos específicos são os seguintes

a) Examinar a distribuição dos serviços de saúde no Estado

b) Examinar as implicações da população futura estimada na procura de serviços de saúde no Estado.

c) Identificar os obstáculos a um sistema de prestação de cuidados de saúde eficaz e apresentar sugestões de melhoria.

1.3 Âmbito do estudo

O estudo limita-se ao estado de Enugu (uma parte do antigo estado de Anambra que foi criado durante a administração do General Ibrahim Badamosi Babangida em 1991). O estado é composto por 17 áreas governamentais locais que serão utilizadas na análise de dados, para estabelecer a maior adequação ou inadequação dos serviços de saúde do estado. Este estudo limitar-se-á a um período de 19 anos (1991-2010). Entretanto, as estatísticas de saúde utilizadas na análise abrangerão um período de 7 anos (1991-1998), sendo 1991 o ano de referência.

1.4 Perfil da área de estudo

O estado de Enugu foi criado a partir do antigo estado de Anambra em 1991 e era composto por três distritos senatoriais notáveis: Nsukka, Enugu e Abakaliki. No entanto, em 1995, o governo federal do general Sani Abacha (falecido) retirou o distrito de Abakaliki do estado de Enugu para fazer parte do então recém-criado estado de Ebonyi. O Estado de Enugu está situado em grande parte das terras altas das colinas de Awgu, Udi e Nsukka e das terras baixas ondulantes das bacias do rio Ebonyi a leste e da bacia do rio Oji- a oeste. O Estado ocupa uma área de 12.791 quilómetros quadrados, o que corresponde a cerca de 13,9% da área total do país. Faz fronteira com sete outros estados: a oeste, com Anambra; a leste, com Cross River e Akwa Ibom; a sul, com Abia, Imo e Benue; e a norte, com o estado de Kogi.

O número oficial da população do Estado de Enugu, de acordo com o censo populacional de 1991, é de 2101016, o que mostra que o Estado é o décimo mais populoso do país. A densidade populacional é de 247 pessoas por quilómetro quadrado, com uma percentagem de população urbana de cerca de 28,7.

Enugu, que é a capital do Estado (também conhecida como a Cidade do Carvão), possui enormes depósitos de carvão. É o centro nevrálgico económico do Estado e tem uma densidade populacional de aproximadamente 1.278 pessoas por quilómetro quadrado. As condições climáticas gerais do Estado são de natureza semi-equatorial - temperatura elevada, humidade elevada e precipitação substancial. A equanimidade comparativa do clima faz com que o Estado tenha uma temperatura mínima média entre 18,12°c e 28,03°c. Uma humidade relativa média entre 80,77°c e 82,55°c foi registada nos meses de maio e outubro, respetivamente. A chuva é sazonal, falhando maioritariamente entre julho e setembro.

De acordo com os dados disponíveis sobre a precipitação, pode concluir-se que a precipitação no Estado de Enugu é bastante substancial. O Estado tem uma velocidade média do vento relativamente baixa, em comparação com a parte norte do país. A pressão de vapor média mais elevada foi registada nos meses de março e agosto.

A população projectada do Estado em 1995, com base no recenseamento de 1991, é de 2 349 139 habitantes, sendo a taxa de crescimento aprovada de 2,83%. A população masculina é de 992104 contra 1108912 para os homens. De acordo com o recenseamento de 1991, 60% da população rural dedica-se à agricultura de pequena escala ou de subsistência. De um modo geral, pode dizer-se que o Estado é um Estado agrícola.

Entretanto, no domínio dos negócios, da gestão, do comércio e da indústria, existe a disponibilidade de mão de obra qualificada. A língua do povo é o Igbo. Embora possam usar um inglês pidgin mesmo nas aldeias mais remotas.

1.5 **Revisão da literatura**

De acordo com a Organização Mundial de Saúde, a saúde foi definida como o estado de completo bem-estar físico, mental e social de um indivíduo e não como a mera ausência de doença ou enfermidade. Em certa medida, as definições são abstractas e não são claramente explicadas. São importantes definições úteis e prontas a utilizar para resolver os problemas de medição.

O Longman Dictionary of contemporary English definiu saúde como o estado de estar bem, sem doença, a condição do corpo e o sucesso de alguém e a ausência contínua de doença.

A saúde deve ser encarada sob duas perspectivas principais: uma é do ponto de vista do indivíduo e a outra é do ponto de vista da comunidade. Winslow (1920) definiu a saúde pública como

"A ciência e a arte de prevenir doenças, prolongar

A vida e a promoção da saúde e da eficácia através da organização

Esforços comunitários para o saneamento do meio ambiente, o controlo das infecções transmissíveis; a educação do indivíduo em matéria de higiene pessoal, a organização de serviços médicos e

serviços de enfermagem para o diagnóstico precoce e o tratamento preventivo das doenças e o desenvolvimento de mecanismos sociais que assegurem a cada indivíduo um nível de vida adequado à manutenção da saúde, organizando estas prestações de forma a permitir a cada cidadão realizar o seu nascimento de saúde e longevidade"

Como afirma a tripulação, o estado de saúde de uma pessoa é decidido não tanto por ela, mas pelo conteúdo, condições e circunstâncias do ambiente social e físico em que se encontra ou tem o seu ser. O nível de rendimento de vida, a segurança social, os serviços médicos e sociais de que dispõe.

O número e a eficácia dos serviços de saúde também determinam as taxas de morbilidade e de mortalidade da população, por exemplo, a taxa de mortalidade infantil e a incidência de doenças são consideradas como um parâmetro para medir o nível de desenvolvimento de qualquer nação e indicam, entre outras coisas, o impacto do ambiente no estado de saúde da população. Calcula-se que a mortalidade infantil seja mais de cinco vezes superior nos países em desenvolvimento do que nos países desenvolvidos do mundo (91 e 17 por 100, respetivamente). Segundo as Nações Unidas (1982), por exemplo, na Índia, a taxa de mortalidade infantil foi estimada em 199 por 1000 nascimentos. De acordo com as estimativas das Nações Unidas (1965-69), cerca de 84% de todos os nascimentos durante este período ocorreram em países em desenvolvimento. O número anual calculado de mortes infantis nesses países durante o mesmo período é de cerca de 14,2 milhões em 101 milhões de nados-vivos, em comparação com 516 000 em 19 milhões de nados-vivos nos países desenvolvidos.

A falta de dinheiro afecta todas as partes do sistema de prestação de cuidados de saúde. Em primeiro lugar, manifesta-se a nível nacional, tanto na atribuição regular de orçamentos anuais aos vários sectores da economia como na distribuição de fundos às autoridades responsáveis pelos planos de desenvolvimento nacional. Segundo Djukanovic, a escassez de recursos financeiros afecta mais a população rural, mais numerosa e mais carenciada, do que os habitantes das cidades, embora se faça sentir em todo o sistema de saúde.

Chandrasekhaer afirmou claramente que 90% da taxa de mortalidade infantil ocorre nas famílias mais pobres e nos grupos socioeconómicos mais baixos, que não podem pagar cuidados médicos, boa alimentação, alojamento e ambiente limpo.

A escassez e a má distribuição dos recursos humanos têm fortes efeitos no sistema de saúde. A distribuição do pessoal profissional nos países em desenvolvimento é inversamente proporcional à distribuição da população. Este facto não se limita apenas aos médicos. Nos países em desenvolvimento, o fosso entre os profissionais de saúde e a população é muito grande. É comum que uma população de 50.000 habitantes ou mais seja servida por apenas um médico. O rácio médico-pessoa situa-se entre 18 000 e 25 000 pessoas por médico, mas nos países desenvolvidos é de 750 pessoas por médico.

Sendo um país em desenvolvimento, a Nigéria não é uma exceção a estes problemas. A recomendação da Organização Mundial de Saúde é de 10.000 por médico. A prometida saúde para todos até ao ano 2000 poderá não ser alcançada se a tendência atual se mantiver. Exceto se o governo do Estado intensificar os seus esforços no sentido de prestar serviços de cuidados de saúde básicos.

A prestação e a distribuição dos serviços de saúde dependem inteiramente da distribuição da população no espaço. De acordo com Djukanovic, a natureza da distribuição da população de muitas comunidades rurais torna difícil e dispendiosa a prestação de serviços públicos normais, incluindo serviços de saúde. Devido à falta de equipamentos sociais e aos baixos rendimentos nas zonas rurais, estas zonas tornam-se menos atractivas para o pessoal de saúde trabalhar e também para outros investidores económicos que poderiam melhorar o seu nível de vida.

Apesar de todos estes conhecimentos em África, a organização hospitalar atual é muito dececionante. A maior parte dos hospitais e dos hospitais-escola, em particular, trabalham numa zona distante das condições geográficas do país, a evolução das concepções e da tecnologia médica e as novas tendências na formação do pessoal de saúde tornaram as funções dos hospitais atualmente desadaptadas às principais necessidades da grande maioria da população.

A doença é um obstáculo ao desenvolvimento económico em muitos países, especialmente em África. A malária é o principal obstáculo ao desenvolvimento económico. Nas zonas endémicas, pode causar uma perda de vinte ou mais dias de trabalho por ano, por habitante. A esquistossomose e a oncocercose são algumas das doenças parasitárias responsáveis por uma incapacidade generalizada e por um obstáculo ao desenvolvimento económico. Por exemplo, nos EUA, calcula-se que a doença é responsável por uma perda de sete dias de trabalho por habitante e por ano, o que representa um custo para a economia de muitos milhões de dólares. Durante a construção de uma barragem na África Ocidental, foram gastos 100.000 dólares por ano na proteção da força de trabalho contra doenças vectoriais, a maior parte dos quais na destruição da mosca negra, OMS (1979). Onde as doenças transmissíveis estão disseminadas e a subnutrição é comum, a mortalidade infantil é elevada. Isto significa que a população investe uma grande parte dos seus recursos na gravidez e na educação de crianças que não vivem o suficiente para se tornarem as unidades económicas necessárias para assegurar a prosperidade do país.

A elevada taxa de morbilidade e mortalidade entre bebés e crianças são sinais do baixo nível de saúde da comunidade e de uma educação sanitária inadequada. Se as pessoas fossem adequadamente informadas e encorajadas sobre como tomar as precauções necessárias relativamente a algumas doenças, muitas delas, que acabam por conduzir à morbilidade e à mortalidade, poderiam ter sido evitadas com pouca ou nenhuma intervenção médica. A maior parte delas são sobretudo doenças infantis, como as doenças nutricionais, especialmente durante a infância, e doenças que poderiam ser evitadas através da imunização. Onde a rede de serviços é fraca, a educação para a saúde é necessária para permitir que as pessoas aprendam a proteger-se das doenças e a procurar ajuda quando precisam dela. Maletnlema (1978) tinha razão quando afirmou que "a ignorância e a subnutrição são complementares e qualquer esforço para reduzir uma é suscetível de diminuir a outra". Na sua opinião, nos países africanos, os programas de alfabetização poderiam incluir a nutrição e os livros escolares deveriam conter a informação necessária.

Embora a maior parte da população dos países em desenvolvimento viva em áreas rurais, a tecnologia médica importada é mais reconhecida do que a medicina tradicional. Se fosse desenvolvida através da formação de ervanários em áreas como a higiene pessoal e ambiental básica, ter-se-ia ganho muito. Uma vez que os médicos ocidentais e os ervanários aspiram em comum a ajudar os doentes, é aconselhável que ambos interajam na sua profissão. Além disso, o governo deveria mostrar um grande interesse em encorajar e desenvolver a medicina tradicional.

Devido ao facto de o pessoal formado não ser suficiente, os pacientes recorrem a outros serviços de saúde menos qualificados prestados por alguns auxiliares não médicos. Investigações sobre as parteiras tradicionais (TBAS) mostraram que todas elas são mulheres que já passaram da meia-idade, atualmente casadas, viúvas ou divorciadas, que dão à luz entre três a cinco bebés por mês a um preço muito baixo. Também se dedicam a trabalhos agrícolas, transmitem mensagens e desempenham outras funções que incluem medicina herbal, cerimónias mágico-religiosas, cuidados pós-parto, aconselhamento sobre métodos tradicionais de planeamento familiar e assistência à fertilidade. Todas estas funções extra-parto têm influências psicológicas e fisiológicas sobre a mãe ansiosa durante o parto. As razões pelas quais as pacientes recorrem a estas pessoas são as seguintes: crença tradicional, baixo custo, hospitalidade, proximidade, serviço pessoal e encorajamento.

Comparando este método tradicional com as instalações médicas modernas, o método tradicional é visto como rude, anti-higiénico e não científico no sentido ocidental.
A literatura até agora analisada mostrou que os serviços médicos dependem apenas das finanças, do pessoal e da distribuição das pessoas no espaço. Nos capítulos seguintes, veremos como estes factores afectam a prestação de cuidados de saúde no Estado de Enugu.

CAPÍTULO 2
METODOLOGIA:

2.1 Tipo e fonte dos dados recolhidos:

Os dados são essencialmente secundários. Os dados foram recolhidos do departamento de estatística da Comissão Nacional da População sobre a população do Estado de Enugu e a estrutura etária e sexual da Nigéria e do Estado de Enugu, respetivamente. A fonte dos dados sobre a população foi o recenseamento da população de 1991.

No que diz respeito aos registos médicos, os dados foram recolhidos do Ministério da Saúde do Estado de Enugu e do conselho de gestão da saúde. Além disso, a maior parte dos dados que não estavam disponíveis no Ministério da Saúde e no Conselho de Administração da Saúde do Estado foram recolhidos do livro anual estatístico do Ministério das Finanças e do Planeamento Económico do Estado.

Relativamente às despesas médicas, foram também recolhidos dados do Ministério das Finanças e do Planeamento Económico do Estado nas suas estimativas aprovadas para o Estado de Enugu em 1995.

2.2 Método de recolha de dados

Uma vez que não se recorreu a dados primários, não se utilizaram questionários nem o método de recolha de dados por entrevista indireta na recolha de dados. Com a ajuda de uma carta de recomendação obtida do Chefe do Departamento de Matemática Industrial, Estatística Aplicada e Demografia da ESUT, os dados necessários foram fornecidos pelo departamento de estatística das várias fontes acima mencionadas.

2.3 População do estudo e determinação da dimensão da amostra

O estudo foi efectuado em todo o estado de Enugu. Todas as 17 áreas governamentais locais foram incluídas no estudo, embora apenas 13 aparecessem na tabela, o que se deve à criação de novos estados e das correspondentes áreas governamentais locais. Em 1991-1995, uma parte do estado de Ebonyi estava incluída no então estado de Enugu e também algumas das áreas da administração local no estado de Enugu não foram criadas.

Não foi adoptada qualquer avaliação estatística da dimensão da amostra, uma vez que se utilizou todo o Estado, mas foi utilizada uma duração que incluía os anos mais recentes e que é também suficientemente longa para aumentar a precisão dos resultados.

2.4 Limitações do estudo

Um dos principais problemas com que se depara qualquer trabalho de investigação é a não disponibilidade de dados de elevada qualidade. As áreas mais afectadas são a população e as estatísticas vitais. A falta de um sistema completo de registo vital impossibilita o cálculo de indicadores de saúde que teriam tornado o trabalho mais abrangente, mas foram excluídos devido a limitações de tempo.

Relativamente à saúde, a não disponibilidade de dados sobre instituições privadas e missionárias reduz o grau de precisão que teria sido alcançado no estudo. Também a falta de dados abrangentes sobre o número de enfermeiros ao longo dos anos coloca muitos problemas no estudo, uma vez que se trata de um dos principais factores determinantes do estado de saúde das pessoas. Quando existem informações disponíveis, estas são gravemente afectadas por erros de conteúdo e de cobertura.

No que diz respeito às despesas médicas, os valores obtidos não são despesas reais, são apenas estimativas, o que não permite saber se o dinheiro estimado é suficiente ou até onde pode ir, de modo a saber se o sector da saúde está ou não a ser enganado.

Em geral, as irregularidades e incoerências dos dados são limitações mais fortes que afectaram quase todos os dados recolhidos. Como se trata de dados secundários, não foram conservados na forma mais adequada necessária para a recolha dos dados, o que impossibilitou a recolha dos dados na forma pretendida.

2.5 Problemas encontrados durante a recolha de dados

A recolha de dados não foi nada fácil, especialmente na Comissão Nacional da População, onde a pessoa responsável não trabalhava regularmente devido ao facto de não ter sido paga durante alguns meses pelo Governo. Também no Ministério da Saúde, como resultado da transferência, o pessoal atualmente não foi capaz de localizar os documentos que contêm a informação necessária, uma vez que, como já foi mencionado acima, os dados não foram mantidos na forma mais apropriada.

2.6 Avaliação e ajustamento dos dados

Brass et al considerou que os dados africanos precisam de ser ajustados antes de poderem ser utilizados, devido ao facto de os indivíduos não darem normalmente informações exactas sobre a sua idade, quer a subestimem quer a sobrestimem. Para avaliar a validade dos dados do recenseamento da população do Estado de Enugu de 1991, tendo em conta a afirmação anterior, foram calculadas a pontuação do rácio entre sexos, a pontuação do rácio entre idades e a pontuação das articulações das Nações Unidas.

A pontuação das Nações Unidas para a Nigéria foi de 89,48, enquanto a do Estado de Enugu foi de 91,6. Segundo este método, uma pontuação conjunta inferior a 20 indica que os dados relativos à idade e ao sexo são exactos, entre 20 e 40 são imprecisos e acima de 40 são altamente imprecisos. Devido à situação acima descrita, é necessário ajustar os dados de modo a obter uma análise significativa, especialmente porque o resultado mostra que os dados são altamente imprecisos.

Os dados sanitários do Ministério da Saúde não têm continuidade. Teriam sido mais úteis do que foram se tivessem continuidade. Os dados de saúde recolhidos incluem o número de instituições de saúde no Estado, o número de camas de hospital na instituição de saúde, o número e as categorias de pessoal de saúde e a sua distribuição; o número de doentes internados e de doentes externos tratados em instituições de saúde, os casos notificados de doenças notáveis e o resto; não estavam disponíveis dados sobre serviços de imunização e alguns outros serviços. Além disso, os dados de saúde relativos a algumas áreas do Governo Local estavam quase ausentes, por exemplo, Isi-uzo, Uwani, Igbo-etiti, Enugu-South. Quando os dados não têm continuidade e consistência na sua forma, torna-se muito difícil fazer um estudo significativo da tendência sobre as flutuações na instalação ou na variável em causa.

2.7 Método de ajustamento

Os valores da população feminina foram ajustados utilizando a técnica de transformação logit de Brass, e a distribuição etária comunicada foi comparada com a distribuição etária estável de Coale e Demeny.

O nível 10 do modelo North foi escolhido para ser semelhante à distribuição etária registada. A distribuição etária masculina foi obtida a partir da população feminina ajustada através da imposição de um conjunto de rácios entre os sexos obtidos diretamente da tabela de vida regional de Coale e Demeny, modelo Norte 10, utilizando o valor do rácio entre os sexos de 103 à nascença e os valores correspondentes de nL_x para homens e mulheres, respetivamente. O Apêndice I apresenta o método pormenorizado, enquanto a tabela (2.1 -2.5) e os gráficos II e III mostram as percentagens e as estruturas etárias da Nigéria e do Estado de Enugu segundo o método de pontuação conjunta das Nações Unidas.

No entanto, estes sistemas têm as suas limitações. O sistema logit de Brass para ajustar os dados do recenseamento pressupõe que a população "verdadeira" tem uma estrutura etária estável, ou seja, taxas de mortalidade constantes. Este método nem sempre é verdadeiro nos países em desenvolvimento. As distorções na estrutura etária de uma população podem ser influenciadas por migrações ou epidemias. A imposição de uma população estável a essa população levará à suavização da verdadeira estrutura etária.

As razões de sexo para a população nacional e do Estado de Enugu mostram algumas inconsistências. Espera-se que o rácio entre os sexos à nascença seja superior a 100 em ambos os casos, mas obteve-se um rácio entre os sexos de 104:9 e 94:0, respetivamente.

De um modo geral, pode ver-se que a pontuação da Joint Nations deu valores superiores a 40 para os dados ajustados e não ajustados do Estado de Enugu e da Nigéria, respetivamente. Isto mostra que os dados foram bem recolhidos durante a enumeração do recenseamento.

2.8 Análise de dados

Como já foi referido, o principal objetivo deste estudo é verificar de que forma o crescimento da população afecta os serviços de saúde e as perspectivas de prestação de cuidados de saúde no

Estado de Enugu, se a tendência se mantiver até ao ano 2010.

Para atingir o objetivo do presente estudo, foi adoptada uma abordagem descritiva. Serão utilizadas percentagens, taxas e rácios para medir os índices dos cuidados de saúde. Os rácios de concentração de Gini serão utilizados para avaliar a extensão das desigualdades na distribuição dos serviços de saúde, tais como mão de obra médica, hospitais, centros de saúde, etc., enquanto a análise de séries temporais será utilizada para determinar a tendência provável das instalações de saúde existentes.

Na projeção da população, será utilizado o método das componentes. Este método oferece uma abordagem mais realista para estimar futuras taxas de crescimento, porque vários padrões de mudanças nas taxas de mortalidade, fecundidade, fertilidade e migração podem ser postulados e incorporados no modelo populacional. Para este estudo, apenas foram utilizadas as componentes da fecundidade, do sexo e da estrutura etária.

A população do Estado de Enugu será calculada a partir da população nacional projectada, utilizando o método do rácio do recenseamento. Este método parte do princípio de que o Estado tem as mesmas características demográficas que a nação. O rácio entre cada população total e a população do Estado num grupo de 5 anos será utilizado para multiplicar o grupo etário de 5 anos da população projectada para o país, por exemplo.

$$\mathrm{Pop}_{0\text{-}4}\ 1995\ (\text{state}) = \frac{\mathrm{Pop}_{0\text{-}4}\ 1995\ (\text{Nigeria}) \times \mathrm{Pop}_{0\text{-}4}\ 1991\ (\text{state})}{\mathrm{Pop}_{0\text{-}4}\ \text{Males}\ 1991\ (\text{Nigeria})}$$

ou

$$\mathrm{Pop}_{0\text{-}4}\ \text{Males},\ 1995\ (\text{state}) = \frac{\mathrm{Pop}_{0\text{-}4}\ \text{males}\ 1995\ (\text{Nigeria}) \times \mathrm{pop}_{0\text{-}4}\ \text{Males}\ 1991(\text{state})}{\mathrm{Pop}_{0\text{-}4}\ \text{Males}\ 1991\ (\text{Nigeria})}$$

O principal fator que afecta a redistribuição da população é a migração interna e é muito provável que esta componente da mudança seja influenciada pela evolução económica. Por conseguinte, não existe uma forma direta de ter em conta os planos ou as expectativas relativas ao desenvolvimento económico dos Estados no método do rácio.

Mais uma vez, pressupõe a linearidade dos dados. As projecções para as administrações locais também serão feitas utilizando o mesmo método. Este método também pressupõe linearidade.

Finalmente, o cálculo de outros indicadores de saúde será efectuado utilizando normas nacionais e internacionais como objectivos.

Quadro 2.1: Estrutura idade-sexo não ajustada da Nigéria em 1991

Grupo etário	Homens pop	Rácio de idade		Desvio em relação a 100	Mulheres P Pº	Rácio de idade	Desvio em relação a 100	Rácio entre os sexos	Succ. Dif. idade
0-4	7,344,454	-		-	6,999,435	-	-	104.9	1.4
5-9	7,374,314	112.1		12.1	7,126,144	115.5	15.5	103.5	-5.4
10-14	5,812,5138	97.1		-2.3	5,336,143	89.4	-10.6	108.9	14.7
15-19	4,528,811	99.2		-0.8	4,806,977	99.2	-0.8	94.2	18.1
20-24	3,314,303	84.6		-15.4	4,357,267	98.9	-1.1	76.1	-6.4
25-29	3,304,739	107.9		7.9	4,006,932	128.9	28.9	82.5	-7.9
30-34	2,808,629	101.9		1.9	3,105,298	103.3	3.3	90.4	-19.5
35-39	2,206,871	92.3		-7.7	2,00,062	80.6	-19.4	109.9	4.8

	Homens pop	Rácio de idade		Desvio em relação a 100	Mulheres P P°	Rácio de idade	Desvio em relação a 100	Razão de sexo	Sexo Idade Dif.
40-44	1,971,197	110.7		-10.7	1,874,721	122.2	22.2	105.1	-22.5
45-49	1355,101	80.7		-19.3	1,061,602	69.5	-30.5	127.6	10.1
50-54	1,388,650	139.3		39.3	1,182,149	153.2	53.2	117.5	-15.1
55-59	638,375	55.8		-44.2	481,394	48.8	-51.2	132.6	91.1
60-64	898,801	172.0		72.0	791,573	188.7	88.7	113.5	-0.2
65-69	406,540	58.5		-41.5	357,400	60.3	39.7	113.7	-11.1
70-74	492,186	163.5		63.5	394,116	153.4	53.4	124.8	-0.2
75-79	195,455	39.9		-60.1	156,368	38.6	-61.4	125.0	7.8
80+	488,644	-			417,031			117.2	
Total	44,529,608			398.7	44,462,612		479.5		164.3

Rácio de idade dos homens = 398,7

Rácio de idade média dos homens = $\frac{398,7}{15}$ = 26,58

Rácio de idade das mulheres = 479,5

Rácio de idade médio das mulheres = $\frac{479,5}{15}$ = 32,0

Razão sexual média = $\frac{164.3}{16}$ = 10.3

Pontuação conjunta da ONU = 3 (rácio de sexo) + rácio de idade (masculino) + rácio de idade (feminino) = 3 (10,3)+ 26,58 +32,0 = 89,48

Quadro 2.2 Estrutura idade-sexo ajustada de 1991 da Nigéria.

Grupo etário	Homens pop	Rácio de idade	Desvio em relação a 100	Mulheres P P°	Rácio de idade	Desvio em relação a 100	Razão de sexo	Sexo Idade Dif.
0-4	7,334,972	-	1	7,167,271	-	-	102.3	0.5
5-9	7,384,267	114.8	14.8	7,256,113	115.2	15.2	101.8	0.1
10-14	5,526,089	89.4	-01.6	5,431,825	89.4	-10.6	101.7	0.0
15-19	4,972,073	99.6	-0.4	4,890,214	99.4	-0.6	101.7	0.6
20-24	4,454,396	99.0	-1.0	4,406,813	99.0	-1.0	101.1	0.9
25-29	4,023,50.713	106.7	6.7	4,016,352	107.1	7.1	100.2	0.6
30-34	3,083,805	102.7	2.7	3,095,410	103.0	3.0	99.6	0.3
35-39	1,979,427	80.7	-19.3	1,994,258	80.7	-19.3	99.3	0.7
40-44	1,822,897	122.3	22.3	1,849,151	122.2	22.2	98.6	1.4
45-49	1,002,650	69.4	-30.6	1,031,997	69.4	-30.6	97.2	2.2
50-54	1,067,836	144.9	44.9	1,123,858	152.2	52.2	95.0	-10.9
55-59	471,444	55.3	-44.7	445,173	48.6	-51.4	105.9	16.3
60-64	635,791	171.9	71.9	709,620	188.0	88.0	89.6	3.0
65-69	268,215	59.1	-40.9	309,701	59.7	-40.3	86.6	3.6
70-74	271,853	149.7	49.7	327,418	151.7	51.7	83.0	5.1
75-79	95.038	40.7	-59.3	121,940	38.8	-60.2	77.9	9.5
80+	195,342	-		285,499	-		68.4	-
Total	44,529,608		422.5	44,462,612		453.4		62.0

Rácio de idade dos homens = 422,5

$$= \frac{422.5}{15} = 28.2$$

Rácio de idade médio para homens
Rácio de idade das mulheres = 453,4

$$= \frac{453.4}{15} = 30.2$$

Rácio de idade médio para o sexo feminino

$$= \frac{62.0}{16} = 3.9$$

Razão sexual média

Pontuação conjunta da ONU = 3 (rácio de sexo) + rácio de idade (masculino) + rácio de idade feminino = 3(3,9)+ 28,2+ 30,2 = 70,1

Quadro 2.3 Estrutura idade-sexo não ajustada de 1991 do Estado de Enugu

Grupo etário	Homens P P°	Rácio de idade	Desvio em relação a 100	Mulheres P P°	Rácio de idade	Desvio em relação a 100	Razão de sexo	Succ. Idade Dif.
0-4	163697	-	-	174099	-	-	94.0	1.2
5-9	164689	112.2	12.2	177426	115.5	15.5	92.8	-4.9
10-14	129966	97.8	-2.2	133069	89.6	-10.4	97.7	13.2
15-19	101195	99.0	-1.0	119762	99.1	-0.9	84.5	20.0
20-24	74408	85.2	-14.8	108673	99.0	-1.0	64.5	-9.1
25-29	73416	107.2	7.2	99802	107.1	7.1	73.6	-6.9
30-34	62503	101.6	1.6	77624	103.7	3.7	80.5	-18.9
35-39	49605	93.5	-6.5	49901	80.4	-19.6	99.4	5.7
40-44	29763	80.0	-20.0	26614	69.6	-30.4	11.8	8.1
45-49	29763	80.0	-20.0	26614	69.6	-30.4	111.8	9.1
50-54	30755	140.9	40.9	29941	154.3	54.3	102.7	-11.2
55-59	13889	54.9	-45.1	12198	48.9	-51.2	113.9	14.5
60-64	19842	173.9	73.9	19960	189.5	89.5	99.4	-1.3
65-69	8929	58.1	-41.9	8871	59.3	-40.7	100.7	-8.6
70-74	10913	169.2	69.2	9980	150.0	50.0	109.3	19.9
75-79	3968	36.4	-63.6	4436	44.4	-55.6	89.4	-19.9
80+	10913	-	-	9982	-	-	109.3	
Total	992104		410.1	1108912		451.5		182.5

Rácio de idade dos homens = 410,1

$$= \frac{410.1}{15} = 27.3$$

Rácio de idade médio para homens
Rácio de idade das mulheres = 451,5

$$= \frac{451.5}{15} = 30.1$$

Rácio de idade médio para o sexo feminino

$$= \frac{182.5}{16} = 11.4$$

Razão sexual média

Pontuação conjunta da ONU = 3 (rácio de sexo) + rácio de idade (masculino) + rácio de idade (feminino) = 3 (11,4) +27,3 + 30,1 =91,6

2.4 Estrutura idade-sexo não ajustada da Nigéria em 1991

Grupo etário	Homens P P°	Rácio de idade	Desvio em relação a 100	Mulheres P P°	Rácio de idade	Desvio em relação a 100	Razão de sexo	Succ. Idade Dif.
0-4	163,012	-	-	178,288	-	-	91.4	0.5
5-9	164,271	114.8	124.8	180,677	115.2	15.2	90.9	0

10-14	123,127	89.6	-10.4	135,466	89.6	-10.4	90.9	0.1
15-19	110,681	99.5	-0.5	121,846	99.3	-0.7	90.9	0.5
20-24	99,263	99.2	-0.8	109,918	99.1	-0.9	90.3	0.8
25-29	789,540	106.5	6.5	100,004	106.8	6.8	89.5	0.5
30-34	68,876	103.2	3.2	77,383	103.4	3.4	89.0	0.3
35-39	43,950	80.4	-19.6	49,562	80.4	-19.6	88.7	0.6
40-44	40,463	121.9	-21.9	245,942	121.8	21.8	88.1	1.3
45-49	22,459	69.5	-30.5	25,874	69.6	-30.4	86.8	2.0
50-54	24,137	151.9	-51.9	28,461	15.2	53.2	84.8	2.2
55-59	9,315	48.4	-51.6	11,281	48.7	-51.3	82.6	2.6
60-64	14,324	187.7	87.7	17,895	188.7	88.7	80.0	-2.6
65-69	5,948	58.1	-41.9	7,688	5873	-41.3	77.4	3.2
70-74	6,151	147.2	47.2	8,292	148.8	48.8	74.2	4.6
75-79	2,409	46.6	-53.4	3,460	45.7	-54.3	69.6	8.5
80+	4,177	-		1108912	-	-	61.1	
Total	992,104		441.9	1108912		451.5		29.8

Rácio de idade dos homens = 441,9

$$= \frac{441.9}{15} = 29.5$$

Rácio médio de idade masculina

Rácio de idade das mulheres = 446,8

$$= \frac{446.8}{15} = 29.8$$

Rácio médio de idade feminina

$$= \frac{29.8}{16} = 1.9$$

Razão sexual média

Pontuação conjunta da ONU = 3 (rácio de sexo) + rácio de idade (masculino) + rácio de idade (feminino) = 3(1,9)+ 29,5 +29,8 = 65,0

Quadro 2.5 Estrutura idade-sexo não ajustada e ajustada do Estado de Enugu 1991

NÃO AJUSTADO					AJUSTADO			
Grupo etário	MACHO	FEMININO	%M	% F	MACHO	FEMININO	%M	% F
0-4	163697	-	-	174099	-	-	94.0	1.2
5-9	164689	112.2	12.2	177426	115.5	15.5	92.8	-4.9
10-14	129966	97.8	-2.2	133069	89.6	-10.4	97.7	13.2
15-19	101195	99.0	-1.0	119762	99.1	-0.9	84.5	20.0
20-24	74408	85.2	-14.8	108673	99.0	-1.0	64.5	-9.1
25-29	73416	107.2	7.2	99802	107.1	7.1	73.6	-6.9
30-34	62503	101.6	1.6	77624	103.7	3.7	80.5	-18.9
35-39	49605	93.5	-6.5	49901	80.4	-19.6	99.4	5.7
40-44	29763	80.0	-20.0	26614	69.6	-30.4	11.8	8.1
45-49	29763	80.0	-20.0	26614	69.6	-30.4	111.8	9.1
50-54	30755	140.9	40.9	29941	154.3	54.3	102.7	-11.2
55-59	13889	54.9	-45.1	12198	48.9	-51.2	113.9	14.5
60-64	19842	173.9	73.9	19960	189.5	89.5	99.4	-1.3
65-69	8929	58.1	-41.9	8871	59.3	-40.7	100.7	-8.6
70-74	10913	169.2	69.2	9980	150.0	50.0	109.3	19.9
75-79	3968	36.4	-63.6	4436	44.4	-55.6	89.4	-19.9
80+	10913	9,982	0.5	0.5	4,177	6,834	0.2	0.3
Total	992104	1108912	50.0	50.0	992,104	1108912	50.0	50.0

Fig II: Estrutura Idade-Sexo não ajustada de 1991 do Estado de Enugu

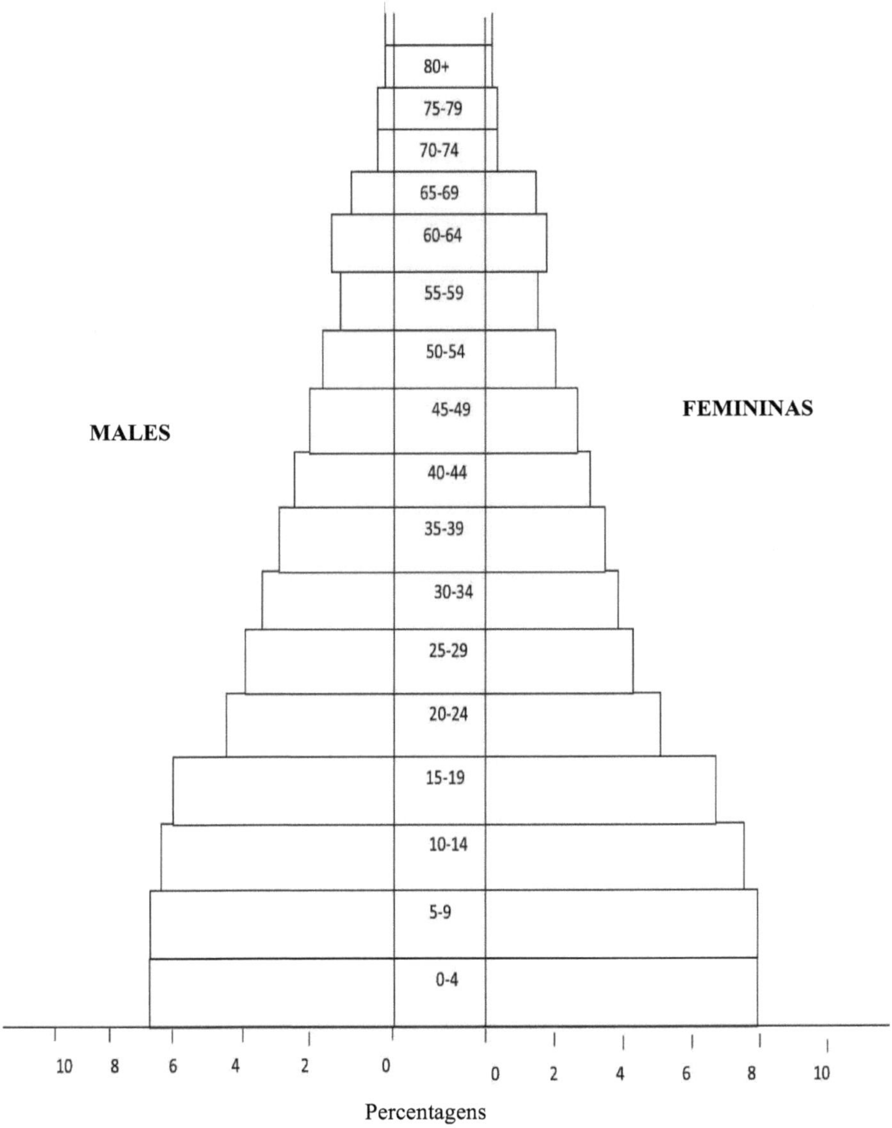

Fig III: Estrutura Idade-Sexo ajustada de 1991 do Estado de Enugu

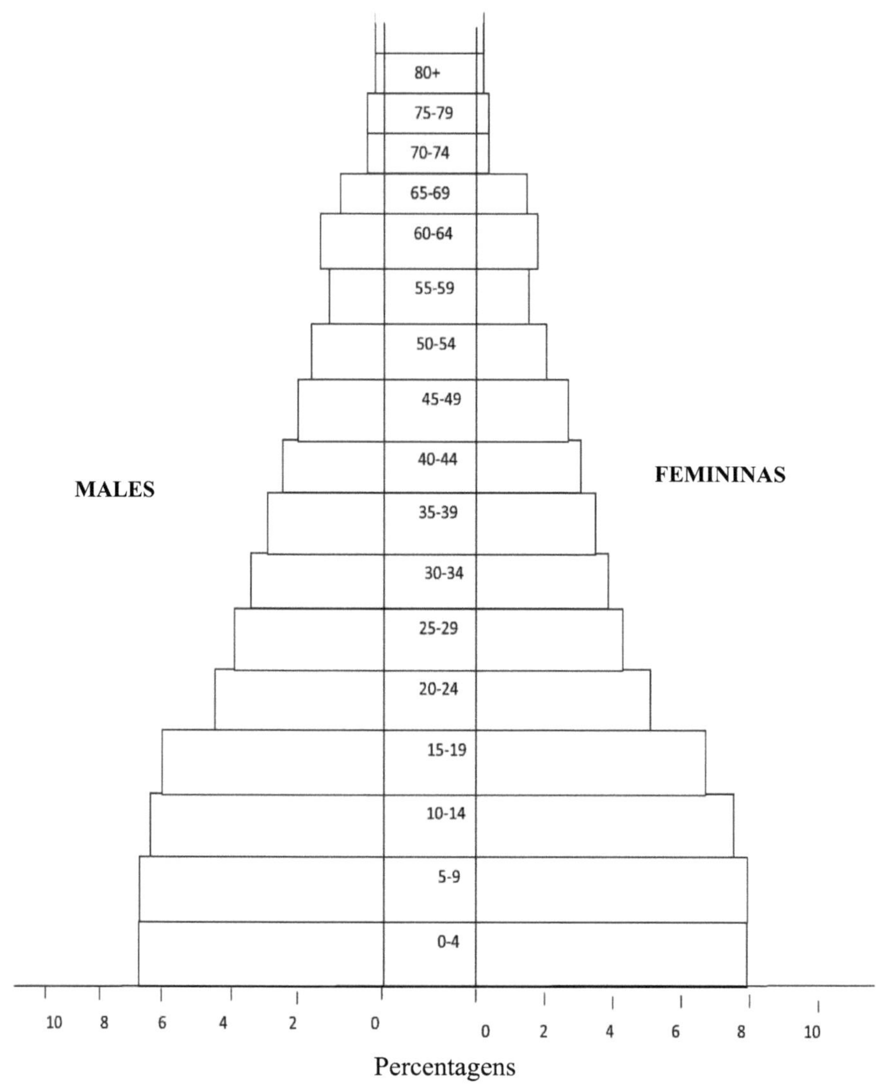

CAPÍTULO 3
3.0 CRESCIMENTO DEMOGRÁFICO NO ESTADO DE ENUGU
3.1 CARACTERÍSTICAS DA POPULAÇÃO

A análise da estimativa da população do Estado de Enugu por estrutura etária e sexual revelou que a população total de homens e mulheres em 1991 era de 50,0%, respetivamente. As crianças em idade pré-escolar (0-4) eram 16,0%, as crianças em idade escolar (5-14) eram 28,9%, enquanto as crianças entre os 15 e os 64 anos, que representam a população ativa, eram 51,8%. A idade dependente (65 anos ou mais) era de 3,4 por cento.

Os dados disponíveis mostram que o Estado de Enugu é densamente povoado. A densidade populacional em 1991 era de 247 pessoas por quilómetro. O estatuto sociocultural e económico de um indivíduo influencia a sua compreensão e utilização de um determinado sistema de cuidados, seja ele tradicional ou moderno. Twumasi defende que a estrutura social e a organização social de uma determinada sociedade regem o padrão de comportamento de um indivíduo. Os componentes desta estrutura social são: cultura, religião, etnia, educação, profissão, etc. Um breve olhar sobre estas variáveis ajudaria a compreender a concetualização dos serviços médicos no Estado de Enugu.

Uma análise da área do contexto cultural revelou que o Estado de Enugu não é monocultural. Definindo área cultural como um "território geográfico no qual os padrões culturais característicos são reconhecíveis através da associação repetida de traços específicos...", especificamente a cultura pode então ser definida como o "todo complexo que inclui conhecimento, crença, arte, moral, lei, costume e quaisquer outras capacidades e hábitos adquiridos pelo homem como membro da sociedade". Esta definição etnográfica de cultura parece englobar todas as outras variáveis acima mencionadas.

De acordo com o recenseamento populacional de 1991, da população total do Estado de Enugu, 90,9% eram cristãos, 1,7% eram muçulmanos e os restantes 7,4% pertenciam a outros grupos religiosos. Uma vez que o cristianismo reconhece plenamente a superioridade da medicina moderna em relação ao método médico tradicional, de acordo com estas estatísticas, acredita-se que os serviços médicos modernos promovidos no Estado de Enugu seriam amplamente aceites.

A educação, a profissão e o rendimento estão de alguma forma interligados no seu efeito sobre a morbilidade. A profissão está relacionada com a educação, o rendimento está relacionado com a profissão e tanto o rendimento como a educação podem influenciar a alimentação, as condições de habitação e os hábitos de vida. Estes têm um efeito direto na incidência da doença. As pessoas com rendimentos mais elevados têm mais acesso a instalações médicas do que as pessoas com baixos rendimentos.

No Estado de Enugu, a idade média do casamento é muito baixa, 16,4 anos. As evidências mostram que a exposição precoce ao casamento expõe as mulheres a um maior risco de alta fertilidade. Uma grande percentagem das mulheres não pratica qualquer forma de planeamento familiar. Numa sociedade onde os contraceptivos são pouco utilizados, a taxa de fertilidade é normalmente elevada. Além disso, verificou-se que a prática do aleitamento materno é mediana. Todas estas práticas favorecem uma fecundidade elevada.

3.2 <u>Pressupostos para a projeção da população;</u>

Embora a Nigéria tenha anunciado uma política de quatro filhos por mulher, o seu impacto não seria muito sentido durante o período da projeção. Além disso, uma vez que as mulheres que iriam dar à luz nos próximos 12 anos já nasceram, presume-se que o nível de fertilidade não diminuiria drasticamente, o que poderia levar a uma falha no pressuposto. A hipótese da variante média seria utilizada para efeitos de análise e planeamento, utilizando o ano e o ano de base.

3.2.1 <u>Pressuposto da fertilidade</u>

A fecundidade humana, enquanto processo complexo responsável pela manutenção biológica da sociedade, constitui um aspeto essencial dos estudos demográficos. O nível de fecundidade determina a taxa de crescimento da população; se a taxa de fecundidade for elevada, o rácio de crescimento da população é geralmente rápido, mas se for como, dá-se o inverso. Vários estudos demonstraram que o nível de educação, a idade do casamento, o local de residência, o rendimento, a contraceção e outros dispositivos de planeamento familiar influenciam o nível de fertilidade, aumentando-o ou reduzindo-o. As políticas demográficas e as tendências económicas também influenciam o nível de fecundidade. Foram formuladas várias hipóteses de fertilidade para a Nigéria por indivíduos e organizações.

Chojuaka assumiu uma GRR de 3,4 para a variante alta e de 3,2 para a variante média, que diminuiu anualmente. Cho, ao estimar a taxa de fecundidade total (TFR) para a Nigéria, chegou a 6,5, que é exatamente o resultado de Coale; ambos utilizaram os dados do recenseamento de 1952/53. Ekanem afirmou que ambos implicam uma GRR de 3,2. Adegbela, no seu estudo, assumiu uma GRR de 3,2 e 3,4 para a variante média e alta, respetivamente.

Num estudo mais recente, o NFS (1981/82) estimou uma GRR de 3,2 ou uma TFR de 6,4, enquanto as Nações Unidas e o Banco Mundial estimaram uma TFR de 7, o que implica uma GRR de 3,45.

De acordo com os resultados acima referidos, será assumida uma GRR inicial de 3,2 para a variante média, que decrescerá pela ordem indicada abaixo.

Variante média -AGRR de 3 ,2 manter-se-ia constante até ao ano 2000

> Quando se espera que, tendo em conta a nova Política Nacional de População, a fertilidade comece a diminuir.

3.2.2 Hipótese de mortalidade:

O estado de saúde de uma população tem uma influência óbvia na mortalidade e, por sua vez, no crescimento da população. A mortalidade é também influenciada por factores socioeconómicos como o nível de educação, o rendimento, a ocupação, o ambiente e a distribuição dos serviços de saúde. O aumento do nível dos serviços de saúde diminui a taxa de mortalidade.

O National Population Bureau estimava que a mortalidade na Nigéria estava a diminuir, com uma esperança de vida à nascença de 36 anos na década de 1950 e de 48 anos na década de 1980. As Nações Unidas estimaram as expectativas de vida à nascença em 42,1 anos e 39,0 anos para as mulheres e os homens, respetivamente, entre 1960 e 1965.

Tendo em conta os resultados acima referidos, assumiu-se para esta projeção a expetativa de vida à nascença de 41,77 e 45 anos para homens e mulheres, respetivamente, utilizando a região Norte 11.

3.2.3 Pressuposto da migração

Parte-se do princípio de que o país não voltará a registar uma expansão económica que possa atrair um grande número de migrantes internacionais, como aconteceu entre 1970 e o início da década de 1980.

3.2.4 Perspectivas futuras de crescimento da população no Estado de Enugu.

A população projectada do Estado de Enugu crescerá de 2102016 em 1991 para 2.349.139 em 1995, 2.700.896 no ano 2000. No ano de 2005, será de 3.105.325 e de 3.570.313 no ano de 2010.

Este crescimento rápido na variante média chama a atenção dos responsáveis políticos e dos planificadores, pois, nesta condição, o Estado não seria apenas para os jovens, mas incluiria as mulheres em idade fértil, os idosos e os doentes.

O governo já está a enfrentar tempos difíceis devido à tendência decrescente do Produto Nacional Bruto, juntamente com a crise política que é um problema de âmbito nacional. Também não é provável que a nova política de quatro filhos por mulher tenha um efeito imediato de redução da fertilidade. A menos que haja uma mudança de sorte, o Estado terá dificuldade em satisfazer a procura de serviços de saúde por parte da população durante este período. A análise das actuais instalações de saúde no próximo capítulo lançará mais luz sobre os perigos desta rápida taxa de crescimento.

CAPÍTULO 4

SERVIÇOS DE SAÚDE NO ESTADO DE ENUGU

4.1 Prestação de cuidados de saúde no Estado de Enugu;

O desenvolvimento do conceito de equipa para a prestação de serviços de saúde é uma resposta à constatação de que a prestação de cuidados a indivíduos, famílias e comunidades é um processo complexo que exige uma variedade de competências e de cooperação. Para alcançar a saúde, deve haver cooperação entre as profissões médicas que prestam os cuidados, a população que recebe os cuidados e o governo que fornece os recursos financeiros para o desenvolvimento.

Os serviços de saúde no Estado de Enugu são prestados pelo governo, pelas missões, por particulares, pelas indústrias comunitárias e por médicos tradicionais (à base de plantas).

As estatísticas disponíveis (quadro 4.1) mostram que as instituições privadas e outras instituições prestam a maior parte dos cuidados de saúde, enquanto o governo presta menos. Isto implica que os sectores mais desfavorecidos da sociedade seriam privados de cuidados essenciais que dependem agora do poder de compra do indivíduo. Há que ter em conta o perigo de permitir que o sector privado domine o sistema de saúde. Embora prestem cuidados de saúde às pessoas, as tendências inerentes à obtenção de lucros desses hospitais e clínicas impedem as pessoas com baixos rendimentos de aceder aos seus serviços.

O governo deveria tentar construir pelo menos um hospital em cada uma das 17 áreas governamentais locais. Entretanto, cada governo local tem pelo menos uma instituição de saúde, mesmo que não seja propriedade do governo.

Quadro 4.1 INSTITUIÇÕES MÉDICAS REGISTADAS NO ESTADO POR TIPO DE PROPRIEDADE (1991-1998)

GOVERNO					PRIVADOS E OUTROS				
1991	1992	1993	1994	1995	1991	1992	1993	1994	1995
121	115	119	121	122	107	126	145	167	472
1996	1997	1998			1996	1997	1998		
117	100	57			472	467	490		

No Estado de Enugu, os cuidados de saúde são partilhados entre o Estado e a administração local. A administração local fornece e gere as maternidades, os centros de saúde rurais e os dispensários, mas a localização das instituições de saúde, a sua acessibilidade, o custo e a satisfação derivada da utilização determinam até que ponto as pessoas as utilizam. As estatísticas relativas aos cuidados de saúde (Quadro 4.2) mostram que algumas áreas da administração local são mais favorecidas do que outras. As zonas urbanas ou as autarquias locais próximas das zonas urbanas são muito mais favorecidas do que as do interior. Por exemplo, a principal área urbana do Estado de Enugu regista o maior número de instalações de saúde. Isto pode ser explicado pelo facto de

Quadro 4.2 Número de estabelecimentos de saúde no Estado de Enugu por área de governo local 1991

S/N	Governo local Área	Gen. Hospital	Ped. Hospital	Maternidade	Maternidade Início	Maternidade Centro de saúde	Infetar. Doença	Neuro-psiquiátrico	Ortopedia	Tuberculose	Optha-lmic	Médico Centro de saúde	Leprosário	Gran de Total	Percentagem

1	Awgu	1	-	-	-	-	-	-	-	-	1	-	2	8.3
2	Enugu-Norte	1					1	1			1		4	16.7
3	Enugu-Sul	-	-	-	-	-	-	-	-	-	-	-	-	-
4	Ezeagu	-	-	-	-	-	-	-	-	-	1	-	1	4.2
5	Igbo-Etiti	-	-	-	-	-	-	-	-	-	-	-	-	-
6	Igboeze-Sul	1									1		2	8.3
7	Igboeze-Norte	-	-	-	-	-	-	-	-	-	1	-	1	4.2
8	Nkanu	1	-	-	-	-	-	-	-	-	1	-	2	8.3
9	Nsukka	1	-	-	-	-	-	-	-	-	1	-	2	8.3
10	Oji-Rio	2									1	1	4	16.7
11	Udi	1	-	-	-	-	-	-	-	-	1	-	2	8.3

12	Isi-Uzo	1	-	-	-	-	-	-	-	-	-	-	1	-	2	8.3
13	Uzo-Uwani	1	-	-	-	-	-	-	-	-	-	-	1	-	2	8.3
	Total	10							1	1			11	1	24	99.9

O número de estabelecimentos de saúde não sofreu alterações desde 1991-1995 até à data

A localização das unidades de saúde depende em grande medida da vantagem económica e da densidade da população que atrai os médicos privados. Há, no entanto, um contraste acentuado quando se consideram algumas áreas governamentais locais como Nkanu, Ezeagu, Igbo-Etiti, Isi-Uzo e Uzo Uwani.

A máquina administrativa da prestação de cuidados de saúde no Estado está dividida em duas organizações: o Ministério da Saúde e o Conselho de Gestão da Saúde. O Ministério da Saúde é responsável pela prestação de cuidados de saúde tanto no sector público como no privado, enquanto o Conselho de Gestão da Saúde é responsável pelas 17 áreas governamentais locais. O Ministério da Saúde assegura um bom nível de cuidados médicos através da divisão de inspeção que efectua visitas surpresa regulares a todas as instituições de saúde do Estado.

Apesar de tudo isto, a prestação de cuidados de saúde no Estado continua a ser grosseiramente inadequada, especialmente nas zonas rurais, devido a restrições financeiras e à insuficiência de recursos humanos e materiais. Nestas zonas rurais, a prestação de cuidados de saúde é dominada pelos médicos tradicionais (à base de plantas) e pelos comerciantes de medicamentos patenteados, cujas actividades podem ser prejudiciais para a saúde das pessoas.

4.2 <u>Mão de obra médica:</u>

A mão de obra no sector da saúde inclui o número de indivíduos disponíveis ou em formação nas diferentes profissões da saúde; as características demográficas desses indivíduos, as suas características sociais em termos de educação, experiência e valores; e as alterações necessárias, tanto em número como em qualificações do pessoal, para prestar os serviços de saúde necessários e exigidos pela população, a qualidade e a quantidade do pessoal que presta esses cuidados. Em 1998, havia um total de 57 médicos do governo no Estado. O número relativo aos médicos do sector privado não está disponível, mas a julgar pelo domínio da prestação de cuidados de saúde no sector privado, como já foi referido, o número poderá mesmo duplicar o dos médicos dos serviços públicos. Enugu-North, Nsukka, Oji River e Udi têm

<u>Quadro 4.3 Médicos do Hospital Público do Estado de Enugu (1991-1998)</u>

Área do Governo Local	Ano								
	1991	1992	1993	1994	1995	1996	1997	1998	1998%

1	Awgu	4	3	10	2	3	3	4	4	7.0
2	Enugu-Norte	64	82	74	85	77	28	33	21	36.8
3	Enugu- Sul	-	-	2	-	2	1	2	2	3.5
4	Ezeagu	2	1	2	2	1	2	1	1	1.8
5	Igbo-Etiti	3	1	1	2	4	2	2	2	3.5
6	Igboeze Norte	6	4	2	3	1	1	1	1	1.8
7	Igboeze- Sul	-	1	-	-	1	1	1	1	1.8
8	Nkanu	3	5	4	7	6	6	3	3	53
9	Nsukka	2	4	4	2	6	6	6	6	10.5

10	Oji-Rio	16	11	8	10	6	6	7	7	12.3
11	Udi	4	4	5	4	4	4	6	6	10.5
12	Isi-Uzo	3	2	3	3	2	2	2	2	3.5
13	Uzo-Uwani	2	1	1	2	1	1	1	1	1.8
	Total	109	119	116	122	63	63	67	5	100

Fonte: Ministério da Saúde de Enugu

70 por cento dos médicos do Estado, enquanto Awgu, Enugu Sul, Ezeagu, Igbo-Etiti, Igboeze-Norte, Igboeze-Sul, Nkanu, Isi-Uzo e Uzo-Uwani têm 7,0, 3,5, 1,8, 3,5, 18, 1,8, 5,3,3,5 e 1,8 por cento, respetivamente. A Tabela 914.4-4.5) mostra a posição de outras instalações médicas no estado. O rácio população-médico varia igualmente entre as várias autarquias locais. O Quadro 4.8 revela que, em 1991, um médico servia 7 267 pessoas em Enugu-Norte, enquanto em Uzo-Uwani um médico servia 104 863 pessoas. A disparidade na distribuição das instalações e do pessoal de saúde no Estado cria espaço para a desigualdade nos cuidados de saúde e no estado de saúde. As curvas de Lorenze nas figuras 4.1 a 4.4 e nos quadros (4.8 a 4.10) mostram claramente as desigualdades na distribuição de médicos, enfermeiros/parteiras, hospitais e camas hospitalares no Estado.

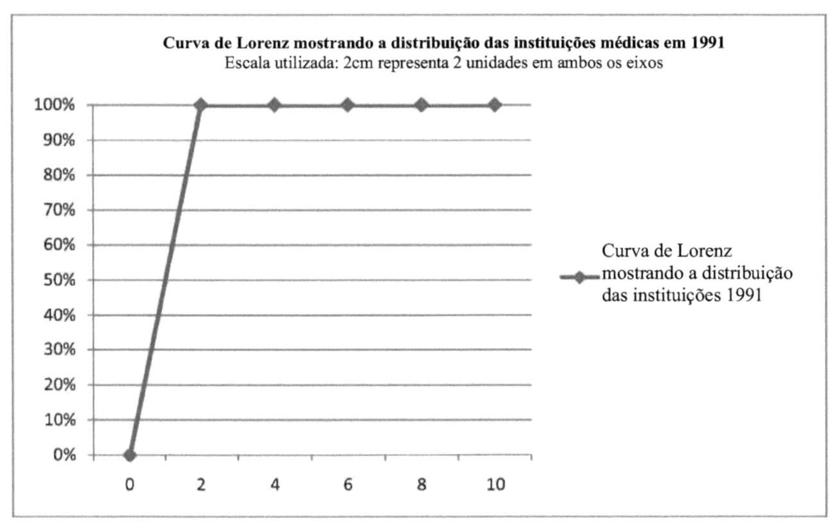

Curva de Lorenz mostrando a distribuição das instituições médicas em 1991
Escala utilizada: 2cm representa 2 unidades em ambos os eixos
100%
90%
80%
70%
60%
50%
40%
30%
20%
10%
0%
0 2 4 6 8 10
Curva de Lorenz mostrando a distribuição das instituições 1991

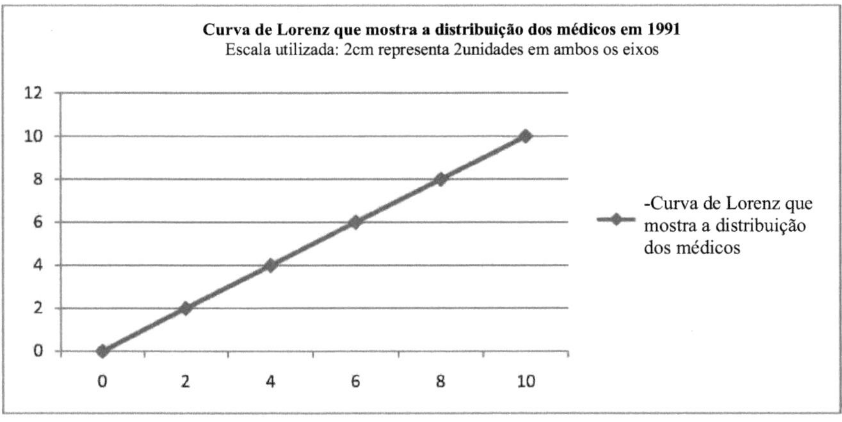

Curva de Lorenz que mostra a distribuição dos médicos em 1991
Escala utilizada: 2cm representa 2unidades em ambos os eixos
12
10
8
6
4
2
0
0 2 4 6 8 10
-Curva de Lorenz que mostra a distribuição dos médicos

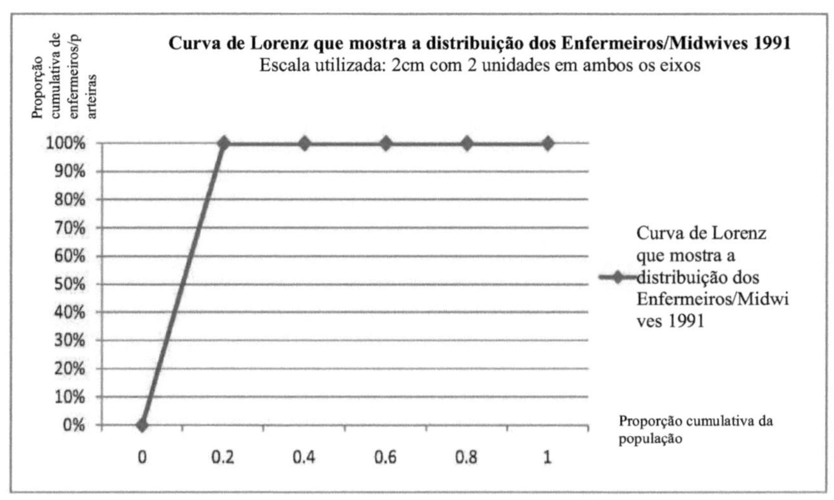

Proporção cumulativa de enfermeiros/parteiras
Curva de Lorenz que mostra a distribuição dos Enfermeiros/Midwives 1991
Escala utilizada: 2cm com 2 unidades em ambos os eixos
100%
90%
80%
70%
60%
50%
40%
30%
20%
10%
0%
0
0.2
0.4
0.6
0.8
1
Curva de Lorenz que mostra a distribuição dos Enfermeiros/Midwives 1991
Proporção cumulativa da população

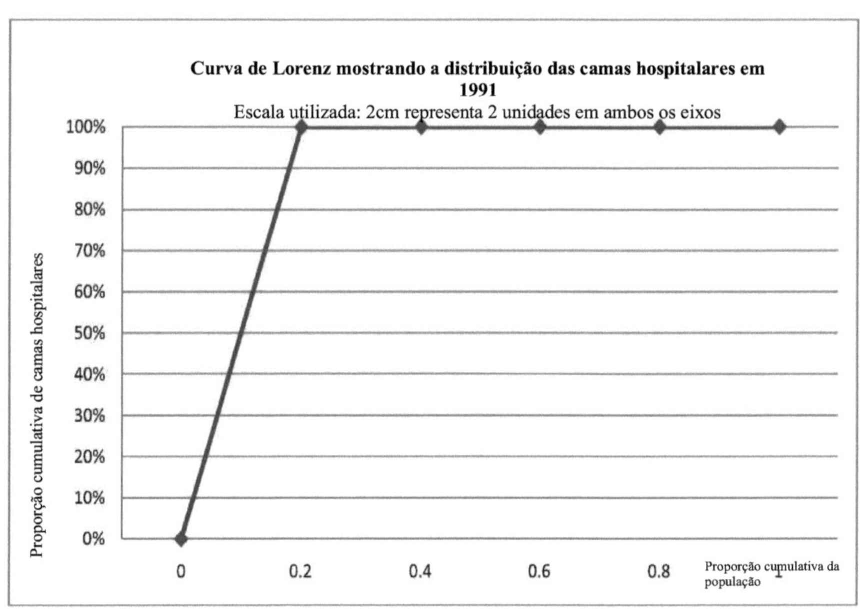

Curva de Lorenz mostrando a distribuição das camas hospitalares em 1991
Escala utilizada: 2cm representa 2 unidades em ambos os eixos
100%
90%
80%
70%
60%
50%
40%
30%
20%
10%
0%
Proporção cumulativa de camas hospitalares
0
0.2
0.4
0.6
0.8
Proporção cumulativa da população

Quadro 4.4: Camas de hospital no Governo do Estado de Enugu (1991-1998)

Área do Governo Local	Ano							
		1991	1992	1993	1994	1995	1996	1997	1998
1	Awgu	203	196	196	200	200	92	155	155
2	Enugu-Norte	442	422	582	602	606	174	235	235
3	Enugu-Sul	-	-	-	20	20	-	-	-
4	Ezeagu	148	104	104	108	108	20	20	20
5	Igbo-Etiti	52	52	52	36	112	20	20	20
6	Igboeze-Norte	91	87	87	114	91	24	20	20
7	Igboeze-Sul	43	50	57	55	65	-	-	-
8	Nkanu	107	94	97	98	128	69	100	100
9	Nsukka	50	50	83	83	188	104	110	110
10	Oji-Rio	318	318	318	35	224	175	195	195

11	Udi	149	129	129	129	69	108	80	80
12	Isi-Uzo	136	80	80	100	80	49	80	80
13	Uzo-Uwani	230	31	31	54	60	20	20	20
	Total	1769	1613	1816	1914	1931	855	1035	1035

Quadro 4.5: Enfermeiros e parteiras nos hospitais públicos do Estado de Enugu, (1991-1998)

Área do Governo Local	Ano							
		1991	1992	1993	1994	1995	1996	1997	1998
1	Awgu	10	15	17	17	19	11	12	10
2	Enugu-Norte	102	120	131	130	135	130	125	120
3	Enugu-Sul	10	12	20	20	17	17	17	15
4	Ezeagu	7	9	9	11	13	9	9	10
5	Igbo-Etiti	9	11	10	11	12	11	11	12
6	Igboeze-Norte	17	19	20	20	18	20	21	21
7	Igboeze-Sul	5	5	7	9	9	7	9	10

8	Nkanu	30	41	47	51	52	55	55	57
9	Nsukka	48	44	51	49	47	50	50	49
10	Oji-Rio	72	69	70	67	69	70	71	68
11	Udi	60	60	57	54	57	55	54	55
12	Isi-Uzo	39	39	41	49	40	37	33	35
13	Uzo-Uwani	21	21	24	31	29	21	23	25
	Total	430	465	504	519	517	492	490	483

Tabela 4.6; Alguns casos seleccionados de doenças notificadas no Estado de Enugu (1991-1998)

	ANO							
Doenças	1991	1992	1993	1994	1995	1996	1997	1998
Malária	14675	15655	15915	20669	9431	9144	8740	6732
Pneumonia	2040	2247	1052	2546	499	513	471	313
Sarampo	153	137	456	3620	321	213	219	189

Filariose	415	621	-	720	81	97	85	69
Tosse convulsa	-	-	-	-	-	-	-	-
Disenteria	14715	14521	-	-	-	799	499	331
Tuberculose	314	218	164	137	109	87	69	47
Tétano	615	715	-	11	57	49	53	21
Lepra	514	713	626	326	486	338	190	91
Varicela	113	158	176	249	68	59	49	32
Febre amarela	-	-	-	-	-	-	-	-
Cólera	1011	2257	-	41	-	51	-	26
Gonorreia	517	932	303	176	43	41	-	33
Hepatite	215	279	311	460	68	50	31	27
Raiva (Humana)	13	25	9	17	1	-	2	-

Gripe viral	-	-	-	-	-	-	-	-
Sífilis	18	-	25	16	1	1	-	3
Varíola	41	37	288	300	-	5	-	-

Fonte: Ministério das Finanças e do Planeamento Económico, Divisão de Estatística, Enugu.

Quadro 4.7; Número e distribuição dos hospitais privados registados (1991-1998)

Administração local Área	Ano								
		1991	1992	1993	1994	1995	1996	1997	1998	Total
1	Awgu	4	6	8	10	50	-	-	-	78
2	Enugu-Norte	50	56	61	67	154	-	-	-	388
3	Enugu-Sul	26	32	35	37	81	-	-	-	211
4	Ezeagu	1	1	1	2	15	-	-	-	20
5	Igbo-Etiti	1	1	1	3	15	-	-	-	21
6	Igboeze-Norte	-	1	1	2	10	-	-	-	14

7	Igboeze-Sul	-	-	1	3	7	-	-	-	11
8	Nkanu	-	1	2	2	21	-	-	-	26
9	Nsukka	7	10	14	18	42	-	-	-	91
10	Oji-Rio	5	6	7	7	20	-	-	-	45
11	Udi	6	4	6	7	24	-	-	-	47
12	Isi-Uzo	-	2	1	3	24	-	-	-	30
13	Uzo-Uwani	1	2	2	2	5	-	-	-	12
	Total	101	122	140	163	468	-	-	-	994

Fonte: Ministério das Finanças e do Planeamento Económico, Divisão de Estatística, Enugu.

Tabela 4.8: Rácio médico-populacional no Estado de Enugu por Área de Governo Local 1991

Área do Governo Local		Ano			
	N.º de médicos	População	Rácio médico-populacional	
1	Awgu	4	222638	55660
2	Enugu-Norte	64	465072	7267

3	Enugu-Sul	-	-	-
4	Ezeagu	2	108129	54065
5	Igbo-etiti	3	131669	43890
6	Igboeze-Norte	6	226442	37740
7	Igboeze-Sul	-	-	-
8	Nkanu	3	208118	69373
9	Nsukka	2	218180	109090
10	Qji-River	16	82105	5132
11	Udi	4	146910	36728
12	Isi-Uzo	3	82028	27343
13	Uzo-Uwani	2	209725	104863
	Total	109	2101016	19275

Fonte: Ministério das Finanças e do Planeamento Económico, Divisão de Estatística, Enugu.

Quadro 4.9: Rácio da população com camas de hospital no Estado de Enugu, por Área de Governo Local 1991

Área do Governo Local		Ano		
	N.º de médicos	Número de camas	População	Camas de hospital Rácio de população
1	Awgu	203	22,638	1097
2	Enugu-Norte	442	465072	1052
3	Enugu-Sul	-	-	-
4	Ezeagu	148	108129	731
5	Igbo-etiti	52	131669	2532
6	Igboeze-Norte	91	226442	2488
7	Igboeze-Sul	43	-	-
8	Nkanu	107	208118	1945
9	Nsukka	50	218180	4364
10	Qji-River	318	82105	258

11	Udi	149	146910	986
12	Isi-Uzo	136	82028	603
13	Uzo-Uwani	30	209725	6991
	Total	1,769	2,101,016	1,188

Fonte: Ministério das Finanças e do Planeamento Económico, Divisão de Estatística
Enugu e Conselho de Gestão da Saúde, Divisão de Estatística de Enugu.

Tabela 4.10: **Rácio de população de enfermeiros/parteiras 1991**

S/N	Área do Governo Local	Número de Enfermeiras/parteiras	População	Rácio de população de enfermeiros/parteiras
1	Awgu	10	222638	22264
2	Enugu-Norte	102	465072	4560
3	Enugu-Sul	10	-	-
4	Ezeagu	7	108129	15447
5	Igbo-Etiti	9	131669	14630
6	Igboeze-Norte	17	226442	13320

7	Igboeze-Sul	5	-	-
8	Nkanu	30	208118	6937
9	Nsukka	48	218180	4545
10	Oji-Rio	72	82105	1140
11	Udi	60	146910	2449
12	Isi-Uzo	39	82028	2103
13	Uzo-Uwani	21	209725	9987
	Total	430	2,101,016	4,886

Quadro 4.11: Rácio de concentração para estabelecimentos médicos 1991

INSTALAÇÃO MÉDICA	RÁCIO DE CONCENTRAÇÃO
Médicos	0.49617
Enfermeiras/parteiras	0.53332
Hospitais/Clínicas	0.27533

Camas de hospital	0.31579

O quadro 4.11 mostra claramente que existe uma clara desigualdade na distribuição dos serviços no Estado. Os rácios de concentração variam entre 0,28 para os hospitais e 0,5 para os enfermeiros. Um rácio de concentração de zero ou muito próximo da administração deve, por conseguinte, redefinir os seus planos para a distribuição equitativa dos serviços de saúde no Estado de Enugu.

Apesar do número de médicos no Estado, há falta de especialistas em certas áreas, por exemplo, pediatras, psiquiatras, patologistas, radiologistas e técnicos de laboratório. São necessários mais dentistas, médicos e ginecologistas, mas a prioridade deve ser dada às áreas mais difíceis.

Não se dispõe dos dados mais recentes sobre estas categorias de pessoal, mas com base em informações de segunda mão obtidas junto do Ministério Federal da Saúde, o panorama não é animador.

O quadro 4.3 mostra que, entre 1991 e 1988, se registou uma diminuição do número de médicos, de 109 em 1991 para 57 em 1998. Este facto pode dever-se à reforma ou ao afastamento dos médicos para se estabelecerem por conta própria. Os rácios de outras categorias de mão de obra no sector da saúde em relação à população também têm sido muito baixos.

Em 1991, havia 4,886 pessoas para um enfermeiro e 19,275 pessoas para um médico. Todos estes valores são inferiores aos objectivos do governo federal e da Organização Mundial de Saúde (OMS). Para uma prestação de cuidados de saúde mais eficiente e eficaz, devem ser tomadas medidas para assegurar o desenvolvimento e a manutenção destes recursos humanos.

4.3 Questões de saúde no Estado.

O estado da saúde e da medicina de qualquer nação é um indicador muito poderoso do seu nível de vida e do seu nível de desenvolvimento socioeconómico. Para efetuar uma avaliação significativa do estado de saúde de qualquer nação, é necessário dispor de dados estatísticos de base sobre as instituições de saúde e os serviços médicos, bem como sobre o padrão de distribuição e prestação.

A literatura disponível mostra que as principais causas de morbilidade nos países em desenvolvimento são a subnutrição, as doenças transmitidas por vectores, as doenças gastrointestinais e as doenças respiratórias, resultado da pobreza, da miséria e da ignorância. A estas devem ser acrescentadas as doenças das mães relacionadas com a privação, a fertilidade desregulada e a exaustão, com os seus efeitos sobre o feto e o recém-nascido. A tabela 4.6 mostra que as doenças mais comuns registadas entre 1991 e 1998 são evitáveis.

A qualidade do saneamento básico na maioria dos países em desenvolvimento é muito inferior ao nível considerado necessário para a prevenção e o controlo das doenças transmissíveis. O saneamento básico deve ter como objetivo a água potável, um ambiente seguro/limpo, alimentos não contaminados e um local decente para viver. Se for dada prioridade aos cuidados preventivos nos serviços de saúde e se forem intensificados os cuidados de saúde primários, as doenças causadas pela ignorância, pela pobreza, pela miséria, etc., serão uma coisa do passado, como se verifica na maioria dos países em desenvolvimento do mundo.

4.4 Serviços de saúde tradicionais

Como já foi referido, a maior percentagem da população do Estado de Enugu vive em zonas rurais. Ao mesmo tempo, em muitas comunidades rurais, as pessoas estão isoladas e dispersas, pelo que os serviços públicos convencionais, incluindo os serviços de saúde, são difíceis e dispendiosos de prestar. Nestas zonas, a única assistência que podem obter para os seus problemas de saúde é através dos curandeiros tradicionais.

As ideias das pessoas sobre a suposta causa da doença determinam o tipo de cuidados que aceitam. Se a doença for vista como causada por forças sobrenaturais ou mágicas, recorrer-se-á ao método tradicional de tratamento. Se for vista como sendo causada por forças naturais, pode optar-se por uma forma de tratamento moderna. As avaliações individuais das duas abordagens médicas são fixadas em função dos efeitos.

A população do Estado de Enugu, na maioria das comunidades rurais com elevado nível de analfabetismo, acredita nos seus antepassados, tal como outros africanos. Além disso, acreditam que nem todas as doenças podem ser diagnosticadas e tratadas pelo médico ortodoxo. A literatura em expansão sobre psiquiatria transcultural tende a colocar a tónica no papel dos curandeiros tradicionais na sua capacidade de aliviar os pacientes dos seus medos e ansiedades. No domínio das doenças mentais, a medicina científica ainda não desenvolveu técnicas para lidar com a situação. A capacidade que se acredita que os curandeiros tradicionais têm de estabelecer a ligação entre os antepassados e as pessoas vivas dá-lhes uma vantagem sobre os medicamentos ortodoxos. Uma vez que os espíritas e os curandeiros sincréticos estão por toda a parte, as suas actividades devem não só ser orientadas e controladas pelo governo, mas também reconhecidas, uma vez que a sua influência continuará a existir durante muito tempo.

4.5 Orçamento e despesas da saúde

O aumento dos custos dos cuidados de saúde foi recentemente agravado pelo aumento do custo dos produtos de base. O aumento do custo de vida e, em especial, da alimentação, é suscetível de agravar os problemas de saúde dos membros vulneráveis da sociedade e de limitar a capacidade dos indivíduos e dos governos para pagarem os serviços de saúde. A capacidade dos indivíduos e dos governos para pagar os serviços de saúde é reduzida. São poucas as instalações, o pessoal, as infra-estruturas e a "síndrome de rutura de stock" na maioria das instituições de saúde públicas. Tudo isto afecta a qualidade e a quantidade dos serviços prestados à medida que a população continua a crescer. O quadro (4.13) apresenta as despesas de capital no sector da saúde em percentagem das despesas de capital totais do Estado entre 1991 e 1995. Um exame atento das dotações pode convencer-nos de que se registou um aumento considerável do orçamento de 1991 a 1995. O aumento absoluto da dotação não é motivo de orgulho, se considerarmos o efeito inflacionista na economia durante este período. O quadro mostra que a despesa de capital na saúde é a menor de todas em 1995, com 0,01%. Isto pode agora dar uma ideia da forma como o governo trata as questões de saúde no Estado.

Quadro 4.12: Comparação entre as despesas de capital totais do Estado e as despesas de saúde

Pormenores de Despesas	Despesas (milhões de N)				% das despesas totais 1995
	1991-1992	1993	1994	1995	
Agricultura, pecuária e vertinário, silvicultura e pesca	53,500,000	134,680,000	61,000,000	58,850,009.95	6.80%

Fabrico e artesanato	25,600,000	59,530,000	44,000,000	26,400,000	3.05
Transporte terrestre	48,400.000	207,000,000	30,000,000	137,000,000	15.83
Eletrificação rural	521,300,000	126,000,000	92,000,000	128,000,000	14.80
Abastecimento de água e recursos hídricos	45,800,000	362,550,000	251,000,000	84,580,000	9.78
Saúde	43,700,000	92,500,000	132,900,000	35,550,000	0.01
Educação	42,600,000	164,000,000	97,000,000	120,210,000	13.9
Habitação	-	6,500,000	-	450,000,000	5.20

Planeamento urbano e rural	-	68,761,000	17,000,000	-	
Ambiente, Saneamento e drenagem	-	5,500,000	-	15,000,000	1.73
Fornecimento comercial, financeiro e cooperativo	-	42,500,000	-	39,000,000	4.51
Informações	-	59,720,000	-	21,000,000	2.43
Desenvolvimento social, desporto e cultura	-	10,400,000	-	9,750,000	0.11
Desenvolvimento comunitário	-	35,000,000		7,700,000	8.9%
Administrador geral	45,500,000	214,500,000	10,539,000	112,000,000	12.95%
Total	357,400,000	1,589,141,000	835,439,000	865,015,046	100

Fonte: Estimativa aprovada do Estado de Enugu 1991-1995

CAPÍTULO 5

5.1 EFEITOS DO CRESCIMENTO SUSTENTADO DA POPULAÇÃO NOS SERVIÇOS DE PRESTAÇÃO DE CUIDADOS DE SAÚDE NO ESTADO DE ENUGU

O rápido crescimento da população afecta a consecução dos objectivos no sector da saúde de três formas: em primeiro lugar, a elevada taxa de fecundidade provocou taxas elevadas de morbilidade e mortalidade entre as mães e as crianças. A segunda é que o nível de fertilidade determinou o número de mulheres em idade reprodutiva e o número de crianças com menos de 5 anos. Estes dois grupos constituem a população com maior risco de morte e de doenças e requerem mais cuidados médicos do que os restantes. Por último, o rápido crescimento da população torna cada vez mais oneroso o desenvolvimento adequado dos serviços de saúde em termos de infra-estruturas e de pessoal de saúde.

5.2 <u>Projeção das tendências dos índices dos estabelecimentos de saúde</u>

Uma vez que o estudo se destina a examinar as implicações do crescimento da população nos serviços de saúde, é necessário projetar os índices das unidades de saúde para determinar a tendência provável. Como mencionado anteriormente na metodologia, foi utilizada a análise de séries temporais para determinar a tendência provável. Os dados brutos foram primeiramente traçados em gráficos (figs. 5.1-5.2) para determinar a natureza da curva. Após um exame atento, o método dos mínimos quadrados foi escolhido como adequado para prever a tendência. Considerando os anos (X_s) como variáveis independentes e os estabelecimentos de saúde (Y_s) como variáveis dependentes, a equação da reta dos mínimos quadrados pode ser escrita

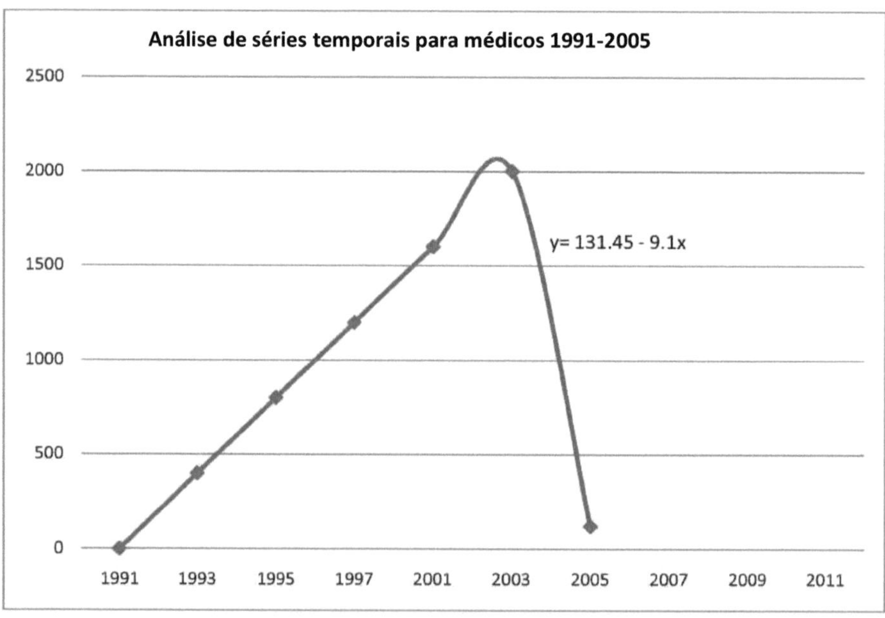

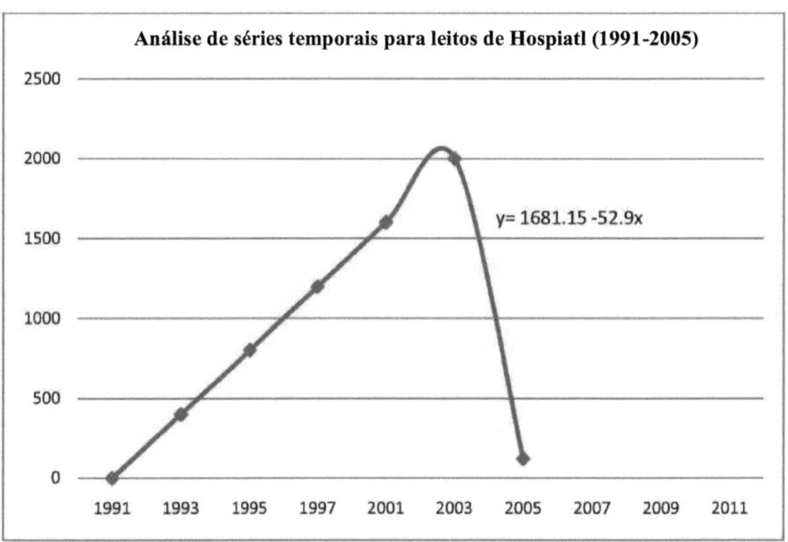

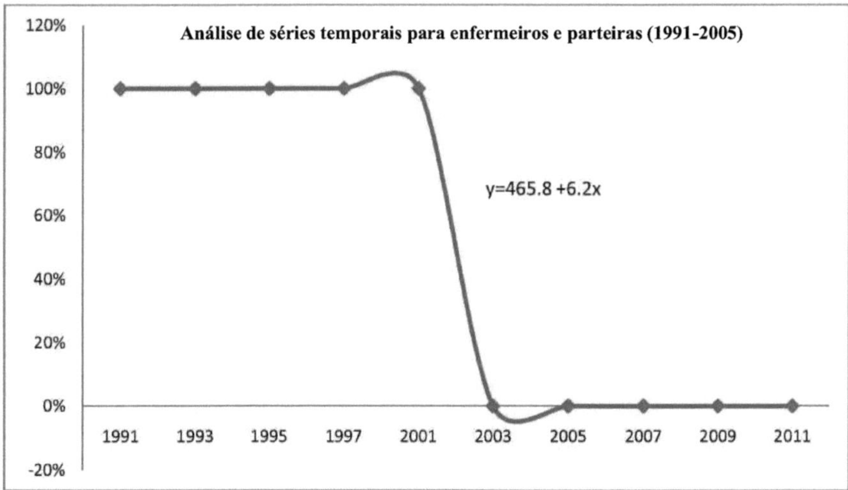

como

$$Y = A + BX$$

Onde A é a interceção no eixo Y - onde X = 0 e B é o declive da reta. Além disso, se $\overline{X}$ a média da variável independente for zero, então a equação pode ser escrita como

$$Y = Y \frac{(\sum x\,y)}{(\sum x\,2)} X$$

Este procedimento foi adotado para calcular a equação de tendência para todos os índices dos estabelecimentos de saúde. A Tabela 5.1 mostra claramente a tendência provável na prestação de serviços de saúde para os períodos de 1991 a 2005. Revela que, se a tendência atual se mantiver, o governo do Estado ficará apenas com médicos ao seu serviço no ano 2005, mas isso poderá nunca acontecer se o governo intervier. Estima-se que o número de enfermeiros/parteiras aumente de 466 em 1991 para 553 no ano 2005, enquanto o número de camas hospitalares aumenta gradualmente de 1681 em 1991 para 940 no ano 2005.

De acordo com a norma da OMS relativa a alguns indicadores de saúde, a estatística apresentada abaixo não dá uma imagem encorajadora se a tendência se mantiver. A partir da tendência apresentada no quadro 5.1, verifica-se que, no ano 2005, o rácio da população de médicos seria de 1:776 331, o rácio da população de enfermeiras/parteiras seria de 1:5615 e o rácio de camas de hospital seria de 1:3304. Comparando isto com a recomendação da OMS de 10.000 pessoas por médico, 5.0000 pessoas por enfermeiro e 1.000 pessoas por cama de hospital, a cama num país em desenvolvimento, entre os quais se encontra a Nigéria, verifica-se que não corresponde ao padrão exigido.

Quadro 5.1: Estimativa da evolução dos serviços de saúde.

Serviços de saúde	Número estimado				
	1991	1995	2000	2005	Rácio (2005)
	131	95	50	4	1:776,331
Enfermeiras/parteiras	466	472	522	553	1:5615
Camas de hospital	1681	1469	1205	940	1:3304

5.3 Projeção da Variância Média da População

Para planear eficazmente o futuro, é necessário um bom conhecimento da dimensão, da distribuição e das mudanças que ocorrem numa determinada população. Por esta razão, foi utilizada a hipótese da variante média (como já foi mencionado na secção 3.2). Este facto permitiu esclarecer a tendência provável da taxa de crescimento e chamar a atenção dos decisores políticos para o crescimento futuro da população e as suas implicações. A Tabela 5.2 mostra a população projectada do Estado de Enugu para o período de 1995 a 2010, utilizando a hipótese da variante média.

Tabela 5.2: População projectada do Estado de Enugu 1995-2010

Pressuposto	ANO			
	1995	2000	2005	2010
MÉDIO	2,349,139	2,700,896	3,105,325	3,50,313

5.4 Projeção das instalações de saúde de acordo com diferentes projecções 5.4.1 Pessoal de saúde

Em qualquer sistema de prestação de cuidados de saúde, a mão de obra é a infraestrutura mais importante. É também muito importante que a variedade de competências necessárias esteja disponível e que a oferta seja em número suficiente. Em todos os países de África, verificou-se que a oferta de mão de obra qualificada é insuficiente, o que se torna um obstáculo à extensão dos serviços de saúde à população.

No contexto da saúde, a oferta diz respeito a factores relacionados com o recrutamento e a formação, bem como ao número de pessoal de saúde disponível. De acordo com as sugestões de Djukanovic e Mach, a formação de pessoal de saúde deve basear-se nas necessidades do país e nas expectativas dos formandos, devendo haver prioridade na decisão dos quadros de pessoal de saúde a formar.

Os médicos são o fator determinante dos serviços médicos e a sua dimensão determina a eficácia e a utilização adequada dos serviços médicos. A qualidade inadequada dos serviços, tal como a causada pela espera excessiva antes de obter a ajuda médica desejada devido à falta de médicos, a incapacidade de satisfazer as expectativas da comunidade, a arrogância ou a discriminação do pessoal, conduziram sempre à subutilização dos serviços de saúde disponíveis. No Estado de Enugu, existe uma grande escassez de pessoal de saúde como dentistas, ginecologistas, psiquiatras, obstetras, pediatras, médicos de saúde pública e radiologistas. Para reduzir as taxas de morbilidade e de mortalidade, é essencial recrutar e formar estas categorias de pessoal de saúde, de modo a equipar as instituições de saúde existentes e as futuras. Os quadros 5.3 e 5.4 mostram claramente a situação projectada do pessoal de saúde no Estado de Enugu para o período de 1995 a 2010, utilizando os números de 1991 como base, juntamente com as populações projectadas, os números foram interpolados linearmente.

Quadro 5.3 Pessoal de saúde projetado no Estado de Enugu, 1995-2005 (médicos)

ANO	NÚMERO PREVISTO DE MÉDICOS COM BASE EM		NÚMERO EXTRA NECESSÁRIO	
	ESTADO DE ENUGU RELAÇÃO	QUEM RATEIO	RÁCIO DO ESTADO DE ENUGU	QUEM RATEIO
1995	122	235	13	126
2000	140	270	31	161

| 2005 | 161 | 310 | 52 | 201 |
| 2010 | 185 | 357 | 76 | 248 |

TAMANHO ACTUAL   109 Médicos em
RÁCIO DE ESTADO   1:19,275
QUEM RATEIO   1:10,000

Quadro 5.4 Pessoal de saúde projetado no Estado de Enugu 1995-2005 (enfermeiros/parteiras)

ANO	NÚMERO PREVISTO DE MÉDICOS COM BASE EM		NÚMERO EXTRA NECESSÁRIO		
	ESTADO DE ENUGU RELAÇÃO	QUEM RATEIO	RÁCIO DO ESTADO DE ENUGU	QUEM RATEIO	
1995	481	470	51	40	
2000	553	540	123	110	
2005	636	621	206	191	
2010	731	714	301	284	

DIMENSÃO ACTUAL 430 ENFERMEIROS/PARTEIRAS EM 1991
ESTATERATIO 1:4,886
CUJO RÁCIO É DE 1:5.000

O quadro 5.3 indica claramente que existe uma grande diferença entre o número atual de pessoal médico e os números previstos. O rácio médico-populacional em 1991 era de 1:19.275, contra a recomendação da OMS de 1:10.000. Na realidade, o Governo terá dificuldade em satisfazer os 76 médicos suplementares necessários em 2010 e os 248 médicos previstos pela OMS, devido à má situação económica que o Estado enfrenta atualmente.

A Tabela 5.4 indica, no entanto, que o governo já cumpriu o rácio recomendado pela OMS. O rácio enfermeiro/parteira em 1991 era de 1:4.886, o que é inferior ao rácio recomendado pela OMS de 1:5.000. Até ao ano 2010, o Estado terá 301 enfermeiros/parteiras e 284 enfermeiros/parteiras, de acordo com a recomendação da OMS, o que se deve ao aumento do número de escolas de enfermagem/parteira e ao aumento do número de alunos admitidos nas escolas.

5.3.1 Efeitos nas infra-estruturas

A indisponibilidade de dados impossibilitou a realização de estudos sobre outras infra-estruturas de saúde, com exceção apenas das camas hospitalares. No entanto, este estudo irá lançar luz sobre as outras infra-estruturas. O quadro 5.5 mostra claramente a situação,

Tabela 5.5: Infra-estruturas de saúde projectadas, 1995-2010 Camas de hospital

ANO	NÚMERO PREVISTO DE MÉDICOS COM BASE EM	NÚMERO EXTRA NECESSÁRIO		
	ESTADO DE ENUGU RELAÇÃO	QUEM RATEIO	RÁCIO DO ESTADO DE ENUGU	QUEM RATEIO
1995	1978	2350	209	581
2000	2274	2702	505	933
2005	2615	3107	846	1338
2010	3006	3571	1237	1802

TAMANHO ACTUAL: 1969 Camas de hospital em 1991
ESTADONAÇÃO:1:1,188
RÁCIO DE QUEM: 1:1.000

Em 1991, o rácio entre a população e as camas de hospital era de 1:188, contra o rácio recomendado pela OMS de 1 000 pessoas por cama de hospital. Embora o governo do Estado tenha aumentado os seus investimentos na saúde, o rápido aumento do custo dos serviços e dos fornecimentos impossibilitou-o de conseguir uma melhoria apreciável do estado de saúde da população.

Na situação atual, de acordo com o quadro supra, será difícil para o governo do Estado cumprir os 1237 e 1802 suplementares, de acordo com as normas da OMS, até ao ano 2010, respetivamente.

5.4.3 Implicações

Da análise até agora efectuada, é muito claro que o governo do Estado teria dificuldade em satisfazer as necessidades previstas até ao ano 2010 devido à falta de financiamento. Para além das necessidades acima referidas, serão necessários outros equipamentos e medicamentos enquanto a população continuar a crescer. Uma vez que a escassez de recursos, tanto em termos de dinheiro como de mão de obra, é um problema mundial, deve ser considerada como um fator permanente no planeamento dos serviços de saúde, especialmente nos países em desenvolvimento, como é o caso da Nigéria. O Estado pode conseguir muito se utilizar corretamente os pequenos recursos de que dispõe e se conceber e construir corretamente o sistema. A medida mais urgente para ajudar a melhorar a situação poderia ser a redução da taxa de fertilidade através do controlo do planeamento familiar e da ênfase na prevenção em vez da cura.

5.5 Cuidados de saúde preventivos;

Os cuidados de saúde preventivos incidem sobre a totalidade do ambiente em que o homem vive, que é a principal causa de doença. Incluem o abastecimento de água potável, a eliminação de esgotos, a eliminação de resíduos, o sistema de drenagem para evitar a reprodução de mosquitos, a habitação, a higiene alimentar, a nutrição adequada, a prevenção de acidentes, os bons hábitos de saúde e a imunização contra as doenças transmissíveis. A educação sanitária é necessária para atingir todos estes objectivos. Se as pessoas fossem adequadamente informadas, um bom número de doenças poderia ser prevenido com pouca ou nenhuma intervenção médica.

Cerca de um terço dos habitantes das cidades dos países em desenvolvimento vive em bairros de lata e favelas, e metade destas pessoas são crianças. As condições dos bairros de lata hipotecam o futuro de muitas destas crianças, especialmente as mais pequenas, na sua fase de formação. Estas crianças são vulneráveis a doenças como a tuberculose, a poliomielite e o tétano, que são incapacitantes e têm uma elevada taxa de mortalidade. O custo do tratamento destas doenças poderia ser reduzido através de acções de prevenção em massa.

De acordo com as estimativas da OMS, o custo do tratamento de um caso de tuberculose é equivalente ao custo de aquisição de 20 000 doses de vacina BCG, o que é suficiente para proteger esse número de pessoas contra a tuberculose. A manutenção de uma nutrição adequada permitiria reduzir o número de casos de mortalidade e de morbilidade.

5.6 Implicações em termos de custos

É evidente que o desenvolvimento de um programa público sólido para qualquer país é um investimento rentável, e nenhum investimento pode ser feito sem dinheiro. A quantidade de dinheiro gasto no subsector da saúde determina a cobertura e a eficiência da prestação de cuidados de saúde a essa população. A atual situação económica em todos os países em desenvolvimento tem afetado seriamente os serviços de saúde sólidos devido à limitação dos recursos financeiros. A afetação financeira à saúde no Estado de Enugu não é animadora, como mostra o quadro 4.13. O total das despesas de capital no sector da saúde foi de 0,01% durante o período de 1995. A julgar pela tendência observada no quadro, pode inferir-se que a percentagem da afetação estatal à saúde deverá continuar a diminuir ao longo dos anos. Tal deve-se à natureza económica deficiente do país.

5.7 Tendências previstas

O quadro 5.6 -5-10 apresenta as despesas previstas para a saúde pelo governo do Estado com base nas tendências projectadas e nos requisitos da OMS. Tal como referido anteriormente, foi utilizada a variante média em todas estas estimativas. Os indicadores de saúde foram estimados por interpolação linear com base nos dados de 1991 relativos à saúde e à população.

Quadro 5.6: Estimativa das despesas da população 1991-2010

Ano	População projectada ₦	Recomendação per capita para a saúde ₦	Despesas previstas ₦
1991	2,101,016	20.80	43,701,133
1995	2,349,139	20.80	48,862,091
2000	2,700,896	20.80	56,178,637
2005	3,105,325	20.80	64,590,760

| 2010 | 3,570,313 | 20.80 | 71,262,510 |

Calculado com base no pressuposto de N20,80 por cabeça.

Tabela 5.7: Estimativa dos salários dos médicos com base no requisito estatal

Ano	Número previsto de médicos N	Despesas estimadas N	Estimativa extra N
1991	109	26,160,000	-
1995	122	29,280,000	3,120,000
2000	140	33,600,000	7,440,000
2005	161	38,640,000	12,480,000
2010	185	44,400,000	18,240,000

Tabela 5.8: Estimativa dos salários dos médicos com base nos requisitos da OMS

Ano	Número estimado de médicos N	Estimativa das despesas N	Custo estimado N
1991	109	26,160,000	
1995	235	56,400,000	30,240,000
2000	270	64,800,000	38,640,000
2005	310	74,400,000	48,240,000
2010	357	85,680,000	59,520,000

Os salários dos médicos foram calculados com base no pressuposto de que o salário anual estimado é de 240 000 N por um médico médio que exerça a profissão há pelo menos 10 anos.

Tabela 5.9: Salários estimados de enfermeiros/parteiras com base nos requisitos estatais

Ano	Número estimado de Enfermeiras/parteiras $\mathbb{N}$	Despesas estimadas $\mathbb{N}$	Custo adicional estimado $\mathbb{N}$
1991	430	77,400,000	-
1995	481	86,580,000	9,180,000
2000	553	99,540,000	22,140,000
2005	636	114,480,000	37,080,000
2010	731	131,580,000	54,180,000

Tabela 5.10: Estimativa dos salários dos enfermeiros/parteiras com base nos requisitos da OMS

Ano	Número estimado de Enfermeiras/parteiras	Despesas estimadas $\mathbb{N}$	Custo adicional estimado $\mathbb{N}$
1991	430	77,400,000	
1995	470	84,600,000,000	7,200,00
2000	540	97,200,000	19,800,00
2005	621	111,780,000	34,380,000
2010	714	128,520,000	51,120,000

Salários dos enfermeiros/parteiras calculados com base no pressuposto de um salário anual estimado em N180 000 por um enfermeiro/parteira médio que exerça a profissão há pelo menos 10 anos.

Examinando as despesas estimadas com o pessoal de saúde, como mostra a tabela acima, existe uma grande diferença entre os recursos atualmente à disposição do governo e as expectativas para o ano de 2010. A dotação para a saúde em 1991 foi de N43.700.000, como mostra a tabela 4.13, enquanto se prevê gastar a soma de N74.262.510 no ano de 2010.

Se considerarmos apenas os salários dos médicos e dos enfermeiros/parteiras, o fosso parece ainda maior quando comparado com as despesas em 1991 e as despesas estimadas para o ano 2010. Tendo em conta a recomendação da OMS, estima-se que a soma de 85,7 milhões e 128,5 milhões seja a despesa para ambas as categorias de pessoal até ao ano 2010, respetivamente.

Embora a estimativa relativa às infra-estruturas não tenha sido efectuada devido à indisponibilidade de dados, trata-se apenas de uma estimativa conservadora quando se tem em conta a inflação e outros benefícios adicionais pagos aos trabalhadores. Será difícil para o Estado fazer face aos custos adicionais de 59,5 milhões e 5,1,1 milhões exigidos pela OMS para ambas as categorias de pessoal, respetivamente.

Uma vez que o governo do Estado atribui mais importância ao sector económico, acreditando que as despesas com este sector são um investimento que, quando atinge o ponto de equilíbrio, produzirá receitas para o governo, o sector social e a saúde em particular continuarão a sofrer se não for tomada uma medida para controlar a situação. Uma vez que o estado de saúde das pessoas determina a sua produtividade, a ideia de que o sector social não gera receitas não é verdadeira, pelo que é muito necessária uma mudança de atitude no sentido de uma provisão razoável de fundos para satisfazer as necessidades desejadas do sector social e, em particular, da saúde.

RESUMO E CONCLUSÕES

6.1 Resumo e conclusão:

Este estudo examinou, em termos gerais, as tendências prováveis de crescimento da população no Estado de Enugu e as implicações desse crescimento para o planeamento dos serviços de saúde. Como se pode ver nas várias projecções, a população continua a aumentar com o passar dos anos, o que exige um aumento correspondente na prestação de serviços de saúde.

Para além disso, este Estado está a enfrentar um grave retrocesso na prestação destes serviços de saúde devido a muitos problemas. Os mais prementes são: escassez de pessoal qualificado no sector público, distribuição desigual das instalações e do pessoal de saúde existentes, instalações de saúde insuficientes e falta de fundos. As instalações e o pessoal de saúde disponíveis estão relativamente concentrados nas áreas onde vivem as pessoas que se acredita serem capazes de obter cuidados de saúde. Teria sido interessante descobrir a razão deste facto, mas a indisponibilidade de dados tornou-o impossível.

A estrutura geral dos serviços de saúde, com a limitação da estrutura de saúde nos países desenvolvidos, não conseguiu alterar o estado de saúde da comunidade. A maioria dos planos de saúde formulados tende a ser irrealista, uma vez que as necessidades gerais da população, especialmente a nível local, nem sempre são tidas em conta antes do planeamento. É necessário desenvolver o conceito de sistema total, em que o sistema de prestação de cuidados de saúde, tanto público como privado, preventivo ou curativo, seja considerado como um todo, uma vez que tal assegurará uma centralização e continuidade adequadas na prestação de cuidados de saúde.

Algumas pessoas continuam a considerar a medicina tradicional como a sua única fonte de cuidados, enquanto outras a utilizam juntamente com a medicina moderna. O Estado reconheceu o contributo da medicina tradicional nos domínios da obstetrícia tradicional, da psiquiatria e da arte de fixar os ossos. O problema, neste caso, é que os curandeiros tradicionais envolviam os seus actos em mistério e segredo e não gostariam de revelar a base prática, teórica e mágico-religiosa da sua prática a não membros para documentação, e este é o maior obstáculo ao desenvolvimento das práticas de cura tradicionais para maior benefício das pessoas.

Por último, este estudo demonstrou que a taxa de crescimento da população continuará a aumentar se não for controlada e que nenhuma dotação orçamental será alguma vez suficiente para fornecer serviços de saúde suficientes e o número de pessoal necessário para atingir o nível exigido.

6.2 Recomendação:

A partir do estudo, observou-se que o rápido crescimento da população é um obstáculo aos esforços dos governos para prestar bons serviços de saúde a todos, pelo que devem ser adoptadas medidas para controlar o crescimento da população.

i. As gravidezes indesejadas devem ser seriamente desencorajadas através da educação das jovens mães, uma vez que isso ajudará a reduzir o aborto criminoso que, muitas vezes, conduz a complicações e à morte prematura.

ii. O espaçamento entre filhos deve ser encorajado entre os pais, uma vez que melhora a saúde da mãe e da criança.

iii. A negação da licença de maternidade após um determinado número de filhos e desincentivos como o pagamento de impostos após um número específico de filhos (por exemplo, quatro) ajudariam muito.

iv. A educação deveria ser obrigatória para as mulheres como forma de adiar o casamento.

v. O registo de nascimentos, óbitos, casamentos e divórcios deve ser obrigatório e estes certificados devem servir de base para benefícios sociais, como o emprego e a matrícula escolar.

Como se diz sempre que mais vale prevenir do que remediar, estas medidas devem ser tomadas para garantir o controlo da incidência de doenças transmissíveis.

i. A educação para a saúde deve ser incluída no currículo escolar e ser ensinada pelo pessoal de saúde.

ii. Deveriam ser formados mais inspectores de saúde e outro pessoal paramédico responsável pela inspeção da saúde rural, a fim de prestar serviços de cuidados de saúde preventivos nas zonas rurais. Com a situação económica prevalecente no Estado, é mais barato e mais compensador formar inspectores de saúde do que formar mais enfermeiros e parteiras.

iii. A imunização contra as doenças mortais deve ser prosseguida com determinação.

iv. Deverão ser criados comités de saúde para assegurar uma limpeza adequada.

v. Todas as famílias devem aprender os rudimentos da educação sanitária, como a fervura água antes de beber, destruindo zonas de reprodução de mosquitos, etc.

A indisponibilidade e a má qualidade dos dados impossibilitaram o aprofundamento das causas remotas e imediatas das deficiências do planeamento da saúde no Estado. Estas medidas devem ser tomadas para controlar a situação.

i. Os gabinetes de saúde zonais devem ter alas de recolha e tratamento de dados atractivas para cada zona.

Todos os dados recolhidos devem ser compilados e enviados mensalmente ao Ministério da Saúde.

ii. O formato do conteúdo dos formulários estatísticos deve ser disponibilizado a nível nacional para ser utilizado por todas as instituições médicas.

iii. Os hospitais, maternidades e instituições privadas devem ser obrigados a apresentar declarações estatísticas semestrais, que devem servir de base para o novo registo. O incumprimento deve implicar a aplicação de coimas significativas.

Estudos futuros devem incorporar projecções de outras infra-estruturas de saúde, como centros de saúde, hospitais, camas em centros de saúde, etc. Também não havia dados sobre imunização, o que também deve ser considerado em qualquer estudo futuro.

Finalmente, uma vez que a contribuição dos curandeiros não pode ser facilmente descartada com um aceno de mão, o governo deve tentar reconhecê-los e formá-los para melhorar as suas competências

DADOS AJUSTADOS DO RECENSEAMENTO DO ESTADO DE ENUGU DE 1991 - MÉTODO LOGIT DE BRASS

Idade Grupo	População feminina	Cum. População feminina	Cum. Prop. P(X)	Logit y Y(X)	Suporte de apoio $.p^s$ (X)	Suporte de esperma Prop $P^{(s)}$ (X)	Logit do stand Y^s (X)	Y^1 (X)	P'(X)	P'(X)	Adj. Fem. Pop A	$5L^m$ 1.03 $5L^1$ (B)	Der. Homem $m\,P\,P^O$ (AXB)	Adj. Masculino $p°p$	Der. Feminino $no\,P\,P^O$
0-4	174099	174099	.1830	-7481	.1789	.1789	-0.7619	-.7659	.1777	.1777	178,288	.9990	178,110	163,012	173,925
5-9	177426	351525	.3417	-3279	.1409	.3198	-0.3773	-.3528	.336	.1529	180,677	.9934	179,485	164,271	176,255
1-14	133069	484594	.4393	-1220	.4196	.4394	-0.1218	-.0783	.4609	.1303	135,466	.9931	134,531	123,127	132,151
15-19	119762	604356	.4970	-0060	.1024	.5418	0.0838	0.1425	.5708	.1099	121,846	.9925	120,932	110,681	118,864
20-24	108673	713029	.6297	0.2655	.0875	.6293	0.2646	0.3367	.6623	.0915	109,918	.9867	108,456	99,263	107,228
25-29	99802	812831	.7459	0.5384	.0743	.7036	0.4323	0.5169	.7377	.0754	100,044	.9779	97,833	89,540	97,596
3-34	77624	890455	.8243	0.7729	.0627	.7660	0.5938	0.6904	.7991	.0614	77,383	.9725	75,255	68,876	75,489
35-39	49901	940356	.8765	0.9798	.0526	.8189	0.7545	0.8629	.8489	.0498	49,562	.9689	48,021	43950	48,349
40-44	46574	986930	.9177	1.2057	.0438	.8627	0.9189	1.0396	.8889	.0400	45,942	.9623	44,210	40,463	44,818
45-49	26614	1013544	.9432	1.4049	.0297	.8989	1.0925	1.2261	.927	.0318	25,874	.9484	24,539	22,459	25,241

50-54	29941	1043485	.9622	1.6184	.0238	.9286	1.2827	1.4304	.9459	.0252	28,461	.9273	26,372	24,137	27,764
55-59	12198	1055683	.9716	1.7663	.0184	.9524	1.4981	1.6618	.9652	.0193	11,281	.9022	10,178	9,315	11,005
60-64	19960	1075643	.9840	2.0595	.0132	.9708	1.7520	1.9345	.9795	.0143	17,895	.8746	15,561	14.324	17,457
65-69	8871	1004514	.9891	2.2540	.0086	.9840	2.0595	2.2648	.9893	.0098	7,688	.8454	6,499	5,948	7,500
70-74	9980	1094494	.9932	2.4920	.0047	.9926	2.4494	2.4494	.9954	.0061	8,292	.8105	6,721	6,151	8,089
75-79	4436	1098930	.9952	2.6622	.0047	.9973	2.9559	2.9559	.9984	.0030	3,460	.7608	2,632	3,409	3,375
80+	9982	1108912	1.0000		.0027	1.0000			1.0000	.0016	6,834	.6679	4,564	4,177	6,667
Total	108,912										118912		1,083,989	992,104	1081773

APPENDIX B

DADOS AJUSTADOS DO RECENSEAMENTO DA NIGÉRIA DE 1991 - MÉTODO BRASS LOGIT

Idade Grupo	População feminina	Cum. População feminina	Cum. Prop. P(X)	Logit y Y(X)	Suporte de apoio .P^s (X)	Cum standProp $P^{(s)}$ (X)	Logit do stand Y^s (X)	Y^1 (X)	P^1 (X)	P^1 (X)	Adj. Fem. Pop A	$5L^{mx}$ 1.03 $5L^X$ (B)	Der. Macho p°p (AXB)	Adj. Masculino $P\,P^O$	Der. Feminino $P\,P^O$
0-4	6,999,435	174099	.1830	-7481	.1789	.1789	-0.7619	-.7659	.1777	.1777	178,288	.9990	7160104	7334972	6992436
5-9	7,126,144	351525	.3417	-3279	.3198	.3198	-0.3773	-.3528	.336	.1529	180,677	.9934	7208228	7384267	7079111
1-14	5,336,143	484594	.4393	-1220	.4394	.4394	-0.1218	-.0783	.4609	.1303	135,466	.9931	5394345	5526089	5293224

15-19	4,806,977	604356	.4970	-0060	.5418	.5418	0.0838	0.1425	.5708	.1099	121,846	.9925	4853537	4972073	4770925
20-24	4,357,267	713029	.6297	0.2655	.6293	.6293	0.2646	0.3367	.6623	.0915	109,918	.9867	4348202	4454396	4299315
25-29	4,006,932	812831	.7459	0.5384	.7036	.7036	0.4323	0.5169	.7377	.0754	100,044	.9779	3927591	4023513	3918379
3-34	3,105,298	890455	.8243	0.7729	.7663	.7663	0.5938	0.6904	.7991	.0614	77,383	.9725	3010286	3083805	3199025
35-39	2,008,062	940356	.8765	0.9798	.8189	.8189	0.7545	0.8629	.8489	.0498	49,562	.9689	1932237	1979427	1945611
40-44	1,874,721	986930	.9177	1.2057	.8627	.8627	0.9189	1.0396	.8889	.0400	45,942	.9623	1779438	1822897	1804044
45-49	1,061,602	1013544	.9432	1.4049	.8989	.8989	1.0925	1.2261	.927	.0318	25,874	.9484	978746	1002650	1006823
50-54	1,182,149	1043485	.9622	1.6184	.9524	.9286	1.2827	1.4304	.9459	.0252	28,461	.9273	1042378	1067836	1096443
55-59	481,394	1055683	.9716	1.7663	.9700	.9524	1.4981	1.6618	.9652	.0193	11,281	.9022	401635	471444	434314
60-64	791,573	1075643	.9840	2.0595	.9840	.9700	1.7520	1.9345	.9795	.0143	17,895	.8746	620634	635791	692310
65-69	357,400	1004514	.9891	2.2540	.9926	.9840	2.0595	2.2648	.9893	.0098	7,688	.8454	261821	268215	302146
70-74	394,116	1094494	.9932	2.4920	.9973	.9926	2.4494	2.4494	.9954	.0061	8,292	.8105	265372	271853	319431
75-79	156,368	1098930	.9952	2.6622	1.000	.9926	2.9559	2.9559	.9984	.0030	3,460	.7608	92772	95038	118965
80+	417,031	1108912	1.0000			1.0000			1.0000	.0016	6,834	.6679	19685	195342	278535
Total	44462612										44462612		43468066	44529608	43378016

PARA O APÊNDICE A

$$Y(X) \quad = \quad \text{Logit } P(X) \quad = \quad \frac{1/2 \ln P(X)}{1 - P(X)}$$

$$Y^s(X) \quad = \quad \text{Logit } P^s(X) \quad = \quad \frac{1/2 \ln P^s(X)}{1 - Ps(X)}$$

$Y^1(X) = a + bY^s$ é a equação da reta ajustada

Os coeficientes a e b foram obtidos através da resolução da equação

$$Y(X) = na + b \sum Y^s(X) \dots\dots\dots\dots\dots\dots\dots\dots\dots\dots\dots\dots\dots\dots\dots\dots\dots\dots$$

$$Y(X) \quad = na + \sum Y^s(X) \dots\dots\dots\dots\dots\dots\dots\dots\dots\dots\dots\dots\dots\dots\dots\dots\dots\dots$$

Os pontos logit para as populações observada e padrão foram divididos em dois grupos de pontos iguais cada. Nas equações (1) e (2), n representa o número de pontos em cada grupo. (Neste caso, n= 8)

$Y^1 (X) = 0.0525 + 1.0742\ Y^s (X)$

$$P^1 (X) = \frac{e^2 Y^1(X)}{1 + e^2\ Y^1 (X)}$$

Para o APÊNDICE B

$$P(X) \quad = \quad \text{Logit } P(X) \quad = \quad \frac{1/2 \ln P(x)}{1-P(X)}$$

$$Y^s(X) = \quad \text{Logit } Ps(X) \quad = \quad \frac{1/2 \ln P^s(X)}{1-P^s(X)}$$

$Y^1 (X) = a+b\ Y^s$ é a equação da reta ajustada

Os coeficientes a e b foram obtidos através da resolução da equação

$$Y(X) = na + b \sum Y^s (X) \dotfill (1)$$

$$Y(X) = na + b \sum Y^s (X) \dotfill (2)$$

Os pontos logit para as populações observada e padrão foram divididos em dois grupos de pontos iguais cada. Nas equações (1) e (2), n representa o número de pontos em cada grupo. (Neste caso, n= 8)

$Y^1 (X) = 0.0796 + 1.0357\ Y^s (X)$

$$P^1(X) = \frac{e^2 Y^1(X)}{1+e^2 Y^1(X)}$$

APÊNDICE C

RÁCIO DE CONCENTRAÇÃO DE GINI PARA INSTITUTOS MÉDICOS NO ESTADO DE ENUGU 1991

Área do Governo Local		Médicos			População				
		Não	Pop Y	Cum. Prop. Yi	Não	Prop X	Cum prop Xi	(Yi +1) (xi)	(Xi + 1) (Yi)
1	Ezeagu	2	.018	.018	108,19	.051	.051	.00184	.00279
2	Nsukka	2	.018	.036	218,180	.104	.155	.00837	.00918
3	Uzo-Uwani	2	.018	.054	209,729	.100	.255	.02091	.01717
4	Igbo-Etiti	3	.028	.082	131,669	.063	.318	.03498	.03491

5	Nkanu	3	.028	.110	208,118	.099	.417	.05755	.05016
6	Isi-Uzo	3	.028	.138	82,028	.039	.456	.07980	.07756
7	Awgu	4	.037	.175	222,638	.106	.562	.11914	.11060
8	Udi	4	.037	.212	146,910	.070	.632	.16874	.15688
9	Igboeze-Norte	6	.055	.267	226,442	.108	.740	.30636	.20799
10	Oji-Rio	16	.147	.414	82,105	.039	.779	.77900	.41400
11	Enugu-Sul	-	-	-	-	-	-	-	-
12	Igboeze-Sul	-	-	-	-	-	-	-	-
13	Enugu Norte	64	.587	1.000	465,072	.221	1.000	-	-
	Total	109	1.000	-	210,1016	1.000	-	1.57669	1.08052

Rácio de concentração de Gini

$$G_i = \sum (X_i)(Y_i + 1) - \sum (X_i + 1)(Y_i)$$

$$= 1.57669 - 1.08052$$

$$= 0.49617$$

APÊNDICE D

RÁCIO DE CONCENTRAÇÃO DE GINI PARA INSTITUIÇÕES MÉDICAS NO ESTADO DE ENUGU 1991

Área do Governo Local		Instituições médicas			População				
		Não	Pop Y	Cum. Prop. Yi	Não	Prop X	Cum prop Xi	(Yi +1) (xi)	(Xi + 1) (Yi)

1	Igbo-Etiti	6	.032	.032	131,669	.063	.063	.00184	.00279
2	Uzo-Uwani	8	.04	.074	209,725	.100	.163	.00837	.00918
3	Isi-Uzo	8	.042	.116	82,08	.039	.202	.02091	.01717
4	Nkanu	10	.053	.169	208,118	.099	.301	.03498	.03491
5	Igboeze-Sul	-	-	-	-	-	-	.05755	.05016
6	Enugu-Sul	-	-	-	-	-	-	.07980	.07756
7	Igboeze-Norte	12	.063	.232	26,4482	.409	.562	.11914	.11060
8	Oji-Rio	13	.068	.300	82,105	.448	.632	.16874	.15688
9	Udi	14	.074	.374	146,910	.518	.740	.30636	.20799
10	Ezeagu	14	.074	.448	108,129	.569	.779	.77900	.41400
11	Nsukka	15	.079	.527	218,180	.673	-	-	-
12	Awgu	16	.084	.0.611	222,638	.779	.77900	-	-
13	Enugu-Norte	74	.389	1.000	465,072	1.000	-	-	-
	Total	190	1.000		2101016		2.19472	1.57669	1.08052

Rácio de concentração de Gini

$$G_i = \sum (X_i)(Y_i + 1) - \sum (X_i + 1)(Y_i)$$

$$= 2.19472 - 1.91939$$

$$= 0.27533$$

RÁCIO DE CONCENTRAÇÃO DE GINI PARA CAMAS DE HOSPITAL NO ESTADO DE ENUGU 1991

Área do Governo Local		Instituições médicas			População				
		Não	Pop Y	Cum. Prop. Yi	Não	Prop X	Cum prop Xi	$(Yi+1)$ (xi)	$(Xi+1)$ (Yi)
1	Igbo-Etiti	6	.032	.032	131,669	.063	.063	.00184	.00279
2	Uzo-Uwani	8	.04	.074	209,725	.100	.163	.00837	.00918
3	Isi-Uzo	8	.042	.116	82,08	.039	.202	.02091	.01717
4	Nkanu	10	.053	.169	208,118	.099	.301	.03498	.03491
5	Igboeze-Sul	-	-	-	-	-	-	.05755	.05016
6	Enugu-Sul	-	-	-	-	-	-	.07980	.07756
7	Igboeze-Norte	12	.063	.232	26,4482	.409	.562	.11914	.11060
8	Oji-Rio	13	.068	.300	82,105	.448	.632	.16874	.15688
9	Udi	14	.074	.374	146,910	.518	.740	.30636	.20799
10	Ezeagu	14	.074	.448	108,129	.569	.779	.77900	.41400
11	Nsukka	15	.079	.527	218,180	.673	-	-	-
12	Awgu	16	.084	.0.611	222,638	.779	.77900	-	-

| 13 | Enugu-Norte | 74 | .389 | 1.000 | 465,072 | 1.000 | - | - | - |
| | Total | 190 | 1.000 | | 2101016 | | 2.19472 | 1.57669 | 1.08052 |

Rácio de concentração de Gini

$$G_i = \sum_{i=1} (X_i)(Y_i + 1) - \sum_{i=1} (X_i + 1)(Y_i)$$
$$= \quad 2.40447 - 2.08868$$
$$= \quad 0.31579$$

<h1 style="text-align:center">APÊNDICE F</h1>

RÁCIO DE CONCENTRAÇÃO DE GINI PARA ENFERMEIROS/PARTEIRAS NO ESTADO DE ENUGU 1991

Área do Governo Local		Instituições médicas			População			(Yi +1) (xi)	(Xi + 1) (Yi)
		Não	Pop Y	Cum. Prop. Yi	Não	Prop X	Cum prop Xi		
1	Igbo-Etiti	6	.032	.032	131,669	.063	.063	.00184	.00279
2	Uzo-Uwani	8	.04	.074	209,725	.100	.163	.00837	.00918
3	Isi-Uzo	8	.042	.116	82,08	.039	.202	.02091	.01717
4	Nkanu	10	.053	.169	208,118	.099	.301	.03498	.03491
5	Igboeze-Sul	-	-	-	-	-	-	.05755	.05016
6	Enugu-Sul	-	-	-	-	-	-	.07980	.07756
7	Igboeze-Norte	12	.063	.232	26,4482	.409	.562	.11914	.11060
8	Oji-Rio	13	.068	.300	82,105	.448	.632	.16874	.15688

9	Udi	14	.074	.374	146,910	.518	.740	.30636	.20799
10	Ezeagu	14	.074	.448	108,129	.569	.779	.77900	.41400
11	Nsukka	15	.079	.527	218,180	.673	-	-	-
12	Awgu	16	.084	.0.611	222,638	.779	.77900	-	-
13	Enugu-Norte	74	.389	1.000	465,072	1.000	-	-	-
	Total	190	1.000		2101016		2.19472	1.57669	1.08052

Rácio de concentração de Gini

$$G_i = \sum(X_i)\,(Y_i+1) - \sum(X_i+1)\,(Y_i)$$

$$= 2.61425 - 2.08093$$

$$= 0.53332$$

APÊNDICE G
AJUSTAMENTO DE CURVAS E MÉTODO DOS MÍNIMOS QUADRADOS APLICAÇÃO A SÉRIES CRONOLÓGICAS (MÉDICOS)

Ano	X	Y	X=X-x	y=Y-Y	$_2$X	^{x}y
1991	0	109	-3.5	9.4	12.25	-32.9
1992	1	119	-2.5	19.4	6.25	-48.5
1993	2	116	-1.5	16.4	2.25	-24.6
1994	3	122	-0.5	22.4	.25	11.2
1995	4	144	0.5	44.4	.5	22.2
1996	S	63	1.5	-36.6	2.25	-54.9
1997	6	67	2.5	-32.6	6.25	-81.5
1998	7	57	3.5	-42.6	12.25	-149.1
Total	$\sum X = 28$ X = 3.5	$\sum Y = 779$ Y = 99.6			42	-380.5

$$Y = \frac{(\sum xY)}{(\sum x^2)}\, x\text{-}Y = \frac{(-380.5)}{(42)}\, x = -9.1x$$

$$Y\text{-}Y = -9.1\,(X\text{-}x) = Y = -9.1x + 31.85 + 99.6$$

$$Y = 131.45 - 9.1x$$

APÊNDICE E
AJUSTAMENTO DE CURVAS E MÉTODO DOS MÍNIMOS QUADRADOS APLICAÇÃO A SÉRIES CRONOLÓGICAS (CAMAS DE HOSPITAL)

Ano	X	Y	X=X-x	Y=Y-Y	X^2	xy
1991	0	1769	-3.5	273	12.25	-955.5
1992	1	1613	-2.5	117	6.5	-292.5
1993	2	1816	-1.5	320	2.25	-480
1994	3	1914	-0.5	418	.25	-209
1995	4	1931	0.5	435	.25	+217.5
1996	S	8SS	1.5	-641	2.25	-961.5
1997	6	103S	2.5	-461	6.25	-1152.5
1998	7	103S	3.5	-461	12.25	-1613.5
Total	$\sum X= 28$ X = 3.5	$\sum Y = 11968$ Y = 1496			42	-2220

$$Y = \frac{(\sum xy)}{\sum x^2} \, x - Y = \frac{(-2220)}{42} \quad x = 52.9x$$

Y- Y = -52.9 (X- x) – Y = -52.9x + 185.15 + 1496

Y = -52.9x + 1681.15

Y = 1681.15 – 52.9x.

APÊNDICE I

AJUSTAMENTO DE CURVAS E APLICAÇÃO DO MÉTODO DOS MÍNIMOS QUADRADOS A

SÉRIES CRONOLÓGICAS (ENFERMEIROS/PARTEIRAS)

Ano	X	Y	X=X-x	Y=Y-Y	X^2	xy
1991	0	430	-3.5	-57.5	12.25	201.25
1992	1	465	-2.5	-22.5	6.25	56.25
1993	2	S04	-1.5	16.5	2.5	-4.75
1994	3	S19	-0.5	31.5	.25	-15.75
1995	4	517	0.5	29.5	.25	14.75
1996	S	492	1.5	4.5	2.25	6.75
1997	6	490	2.5	2.5	6.25	6.75
1998	7	483	3.5	-4.5	12.25	15.75
Total	$\sum X= 28$ X = 3.5	$\sum Y = 3900$ Y = 487.5			42	206.5

$$Y = \frac{(xy)}{(\sum x^2)} \, x = \frac{(260.5)}{(42)} \, x = 6.2x$$

Y-Y = 6.2 (X-x)

Y = 6.2x – 21.7 + 487.5

Y = 6.2x+465.8

Y = 465.8 + 6.2x.

APÊNDICE J

Pormenores das técnicas utilizadas no estudo

1. Age Ratio: $\frac{5P_1}{\frac{1}{2}(P_0 + P_2) \times 5} \times 100$ eg $\frac{5(164,271) \times 100}{\frac{1}{2}(163,012 + 123, 127) \times 5}$

$$= 114.8$$

$\text{ι: }\dfrac{\underline{\text{Population of males aged }_x}}{\text{Population of females aged }_x} \times \dfrac{100}{1}$

2. Rácio entre os sexos

Eg $\dfrac{\underline{163,021}}{178,288} \times 100 = 91.4$

3. Rácio de idade média

$\text{: }\dfrac{\underline{\sum \text{Deviation from }100}}{\text{Total no of Deviation}}$ eg. $\dfrac{451.5}{15} = 30.1$

4. Razão sexual média:

$\dfrac{\underline{\sum \text{Successive Age Differences}}}{\text{Total no of differences}}$ eg $\dfrac{18.5}{16} = 11.4$

5. Para obter a estrutura etária e sexual do Estado de Enugu:

6.

   % de homens/fêmeas Nigéria x População total de homens/fêmeas no Estado de Enugu

   Por exemplo, 16,5 x 992104 = 163697 ou 15,7 x 1108912 = 174099.

6. Para obter as percentagens de homens e mulheres, respetivamente, no Estado de Enugu

   $\dfrac{\frac{1}{2}\text{ Pop}_x\text{male/female}}{(\text{Total male/female Pop})} \times 100$ where x is 0-4, 5-9, etc

E.g $\dfrac{\frac{1}{2}(163697)}{(992104)} \times 100 = 8.2$ or $\dfrac{(1/2(180,677)}{(1108912)} \times 100 = 8.1$

7. Para obter a população feminina derivada: A xB = derivada onde A é a população feminina inicial, B = valor padrão, por exemplo, 174099 x 0,9990 = 173.925.

8. Toget População feminina ajustada:

   $\dfrac{\text{Total female pop }_x \text{ each column of the female derived pop.}}{\text{Total female derived pop}}$

   Eg $\dfrac{\underline{110891}}{1081773} \times 173,925 = 178,228$

9. Para obter a população masculina derivada: A xB = derivada onde A é a população feminina ajustada, Bisa valor padrão.

     Por exemplo, 178.288 x0,9990 = 178.110.

10. Para obter a população masculina ajustada:

   $\dfrac{\text{Total male pop}}{\text{Total derived male pop}}$ x each column of the derived male pop.

   Eg $\dfrac{\underline{44,529,608}}{43,468,006} \times 7,160,104$

11. Curva de Lorenz: um gráfico da proporção cumulativa de instalações médicas em relação à população cumulativa, utilizando a Conc. de GINI. Rácios de GINI.

12. GINI Conc. Rácio:

$$Gi = \sum_{i=1}^{n} (X_i)(y_{i+1+}) - \sum_{i=1}^{n} (X_i+1)(y_i)$$

   where $y = \dfrac{\underline{\text{No of L.G.A Health facilities}}}{\text{Total no of health facilities}}$ $x = \dfrac{\underline{\text{Pop of each L.G.A.}}}{\text{Total pop}}$

     $y_{i+}1$ & $X_i + 1$ são as 2nd colunas, respetivamente

     n = nenhum intervalo de classe.

13. Reunir o pessoal de saúde projetado:

$\underline{\text{Projected Pop}}$ X current size
Total pop

Eg $\dfrac{2{,}700{,}896}{210{,}101{,}06}$ x 109 = 140

$$\text{TogetWHORatio:}\quad \dfrac{\underline{\text{The state Ratio}}}{\text{WHO Ratio}}\text{ x Noineach yeareg}\quad \dfrac{19275}{10{,}000}\text{ x }122=235$$

Para obter o "não" adicional para QUEM e ESTADO:
Número previsto de unidades de saúde - dimensão atual das unidades de saúde
por exemplo, 122 - 109 = 13

$$\dfrac{\underline{\text{Allocation on Health at a year x.}}}{\text{The pop of that year}}$$

14. Para obter a recomendação per capita em matéria de saúde:

Eg $\dfrac{43700{,}000}{210{,}1010} = 20.8$

Para obter as despesas previstas:
População projectada x Recomendação per capital para a saúde.
15. Para as despesas estimadas:
Salário anual x Nº de estabelecimentos de saúde
Ex: 240x 109 = 26.160.000
Para obter uma estimativa do custo adicional: subtração sucessiva
Ex: 56.400.000 - 26.160.000 = 30.240.000
64,800,000 - 56400,000 + 30,240,000 = 38,640.00
16. Transformação Logit, técnica: ver apêndices A e B.
17. Formulario para projeção pop:
$$P1 = P_0\,(1+r/100)^{n}$$

BIBILOGRAFIA

Naik, J.P., An alternative System ofHealth Care Services in India Some proposals, 1997, p. 18.

Ministério Federal da Saúde e Gabinete Nacional da População Os Efeitos dos Factores Populacionais no Desenvolvimento Social e Económico na Nigéria, abril de 1985p.4.

Okonjo C. "Population and Development". Occasional paper series. Publicação das Nações Unidas E.C.A. Volume 4 No 1 p. 8.

Djukanovic, Y, e Mach; E.P. Alternative Approaches t meeting Basic Health Needs in Developing Countries; Ajoint UNICEF/WHO study, 1975, p. 13.

Estados Unidos, Departamento do Comércio, World Population 1977, p. 52.

UNECA Publications Volume 4, 1985 p.5

Organização Mundial de Saúde: Série de Relatórios Técnicos. N.º 55; Comité de Exportação da Administração da Saúde Pública, p. 9.

Crew F. A.E. Health in Nature and Conservation Pergamon Press, Oxford, Londres, Nova Iorque, 1965p. 1.

Nações Unidas (ONU) World Population Prospects Estimates and Projection, Nova Iorque 1982p.4.

Chandrasekhar S: Infant Mortality Population Growth and family planning in India, George Allen and Unwin Ltd Museum Street; 1972 p. 186.

Organização Mundial de Saúde: Towards A Philosophy ofHealth Work in African Regions 1979 p.9.

Maletnlema T.N. The Importance ofNutrition in Socio-Economic Development AFRO Technical Papers WHO Brazaville 1978p. 9.

Ministério de Estado da Saúde e Ministério das Finanças e do Planeamento Económico: Statistical Year Book 1991-1995 p. 42-80.

Estimativas aprovadas para o Estado de Enugu em 1995.

Van de Walle, V. Et al; Characteristics of African Demographic data. The Demography of Tropical Africa, Princeton University Press, 1973, p. 12.

Shryock H.S. e Siegel; J.S. Methods and Materials of Demography Condensed Edition de Edward G. Stockwell, 1976, p. 126.

Nações Unidas, Técnica Indireta para as Estimativas Demográficas Manuel X, 1983, pp. 244-247.

Twumasi P. A: Medical systems in Ghana A Study in medical Sociology, Accra: Ghana Publishing Corporation 1975, p. 6.

Sills, D.L (ed), International Encyclopedia of the Social Sciences Vol. 3, Nova Iorque. Macmillan, 1972, p. 563.

Sills, D.L. (ed) Ibid p. 527.

yes
I want morebooks!

Buy your books fast and straightforward online - at one of world's fastest growing online book stores! Environmentally sound due to Print-on-Demand technologies.

Buy your books online at
www.morebooks.shop

Compre os seus livros mais rápido e diretamente na internet, em uma das livrarias on-line com o maior crescimento no mundo! Produção que protege o meio ambiente através das tecnologias de impressão sob demanda.

Compre os seus livros on-line em
www.morebooks.shop

Printed by Books on Demand GmbH, Norderstedt / Germany